U0309964

水电站坝址渗流水化学及其监测导论

宋汉周 朱旭芬 著

科学出版社

北京

内 容 简 介

本书以基础研究—分析方法—实际应用作为主线,分析了运行工况下水电站坝址渗流水化学以及渗水析出物的基本特征、形成机制及其影响因素,提出了开展坝址渗流水化学及渗水析出物的基本分析方法,揭示了渗流水化学以及渗水析出物在大坝安全定期检查工作中所具有的特定意义,阐述了水化学监测/检测的基本流程以及质量保证和质量控制的内涵。另外,基于工程实例,对坝址渗流物理化学作用下混凝土腐蚀综合测试与评价等问题进行了探讨。

本书可供水利水电、地质、环境等学科的科技人员以及工程师参考。

图书在版编目(CIP)数据

水电站坝址渗流水化学及其监测导论/宋汉周,朱旭芬著. —北京:科学出版社,2017.6
ISBN 978-7-03-052871-1

Ⅰ.①水… Ⅱ.①宋… ②朱… Ⅲ.①水力发电站-坝-渗流-水化学-水质监测 Ⅳ.①TV64②X832

中国版本图书馆 CIP 数据核字(2017)第 108918 号

责任编辑:周 炜 / 责任校对:桂伟利
责任印制:张 伟 / 封面设计:陈 敬

科学出版社 出版
北京东黄城根北街 16 号
邮政编码:100717
http://www.sciencep.com

北京教图印刷有限公司印刷
科学出版社发行 各地新华书店经销

＊

2017 年 6 月第 一 版 开本:720×1000 B5
2017 年 6 月第一次印刷 印张:9 1/4
字数:183 000
定价:80.00 元
(如有印装质量问题,我社负责调换)

前　　言

蓄水条件下,水电站坝址区形成的渗流场和水化学场等多场之间相互作用、彼此影响,因而隐含着丰富的可以反映大坝运行是否存在安全隐患的信息。

已有的研究表明,坝址渗流场中地下水的微观要素(如水质及渗水析出物等)动态及其变化可以揭示坝踵帷幕体的防渗效果及其可能发生的衰减程度,同时也可以揭示坝基地质薄弱体(如软弱夹层、断裂破碎带等)的工程特性的变化情况。就某种意义而言,渗流动态的微观要素所隐含的信息要丰富于渗流动态的宏观要素。因此,定期地开展坝址渗流水化学的监测/检测工作,其成果有助于分析渗流系统的补、径、排条件,揭示渗流过程中水-岩-坝(包括帷幕体)之间发生的物理-化学作用,评价大坝基础帷幕体的防渗效果及其时效,从而提高大坝基础安全隐患检测及健康诊断的水平。

然而在实际工作中,由于某些原因,目前仅有部分水电站在大坝的日常运行安全监测中,含有坝址环境水(包括库水、绕坝岸坡及坝基地下水等)水质的定期检测项目,而相当部分的水电站则只是在需要开展大坝安全定期检查时才可能进行此项检测工作,缺少必要的水质资料积累,因而存在对于有限水质资料解释的不确定性,影响对所含信息的有效挖掘,甚至影响到对大坝基础可能潜在安全隐患的客观判断。

本书依据水文地球化学、地下水动力学以及材料学的基本原理,结合作者多年来的科研实践,对运行工况下形成的坝址渗流水化学场所具有的特性进行系统分析,同时对实际工作中如何有效地开展渗流水化学(还包括渗水析出物)的监测/检测工作进行多方面探讨,旨在为水电站运行管理、安全监测等部门开展对于坝址渗流水化学的有效监测/检测及其成果分析提供相关理论、技术和方法等方面的支持。

本书共6章。第1章主要介绍坝址渗流水化学的基本组成、综合指标及其分类方法。第2章针对渗流水化学的基本特征,探讨了区内水化学的形成及演变的机理以及主要的影响因素。第3章总结和归纳实际工作中常用的数种水化学资料分析方法,还对坝址渗流水作用下混凝土腐蚀综合测试与评价等问题进行探讨。第4章针对一定地质环境下坝址渗水析出物现象,从其基本特征、形成机理、检测方法以及对于大坝的长期安全运行可能潜在的不利影响等方面进行分析和评价。第5章围绕坝址渗流水化学监测的目的和任务,探讨水化学监测网的设计、部分水质项目的现场测定及其分析,以及水样采集和保存的技术要求等。第 6 章针对渗流水化学检测的质量保证及质量控制问题,分析水样采集与保存、水质化验与分析相关过程中可能出现的多源误差及其控制,以及水化学分析数据的可靠性等。

本书主要内容来自课题组近 10 年来完成的多项科研项目的成果。本书第 1~4 章由宋汉周撰写,第 5~6 章由朱旭芬撰写。本书的出版得到了国家自然科学基金面上项目"水-岩-帷幕体相互作用过程中元素的迁移及其效应——以水电站坝址为例"(41272265)的资助,也得到了国家能源局大坝安全监察中心、华东勘测设计研究院、中南勘测设计研究院、贵阳勘测设计研究院、国网新源控股有限公司及黄河上游水电开发公司等单位的大力支持,霍吉祥博士研究生参与了其中部分工作,在此表示感谢。

坝址渗流水化学及其监测/检测涉及多个方面,尤其是在如何开展行之有效的监测方面还需要探索。

限于作者水平,书中难免存在疏漏和不妥之处,敬请读者批评指正。

目　　录

第1章 渗流水化学基本组成、综合指标及其分类

坝址渗流水不是化学意义上的纯水,而是一种复杂的溶液,含有大量的作用剂和各种电解质盐类。因此,坝址渗流水自补给区向排泄区或排泄点(如幕后排水孔)的运移过程中,一方面不断地同与之相接触的固相介质(包括岩体及帷幕体等)发生物理化学反应;另一方面也不断地与环境之间发生物质与能量的交换,结果形成了坝址渗流特有的水化学特征,并具有显著的时效性。

本章主要介绍运行工况下坝址渗流水化学基本组成、若干反映水化学重要特性的综合指标以及数种在实际工作中常用的水化学分类方法。

1.1 水化学基本组成

水化学基本组成包括多个方面,即由水溶液中以离子态或以分子态形式存在的各种元素、溶解状气体成分、无机及有机络合物、微生物、胶体、稳定性及放射性同位素等组成。

水溶液中以离子态或以分子态形式存在的各种元素及其含量的变化,集中反映了水的矿化程度及导电性;溶解状气体的出现及其含量变化,综合揭示了水体所处的地球化学环境特征;稳定性及放射性同位素的出现及其衰减,示踪了水体的补给源以及水体的年龄;络合物是溶解状组分的一种存在形式,由一中心离子(一般是金属阳离子)和其周围的配位体(一般是阴离子或中性成分)以配位键的方式结合在一起的复杂缔合物(也称离子对),其存在形式及含量既与水溶液的浓度有关,也随水的 pH 而变化;微生物的存在形式及含量也从一个侧面反映了水体的地球化学环境以及受到污染的程度;而胶体是一种即使在显微镜下也观察不到的微小颗粒,但含有此类物质的水体具有 Tyndall 效应,当某元素以此类形式出现于水体中时,可使其含量显著增大。

水溶液中以上述不同形式存在的多元素及其组合,可伴随水流或不同部位间的浓度差发生空间位移。这样的过程称为元素的水文地球化学迁移,包含了水-岩(包括工程材料等)作用体系的物理化学条件和水介质的动态变化过程。水流系统中元素迁移的实际过程是难以直接观察的,但只要从研究区具体的地质及水文地质条件出发,综合分析各类实际资料,如岩性资料、水化学资料以及水的宏观动态(包括水位、流量等)资料等,就可以推断区内水溶液中不同元素的组合、成因及其迁移规律。

可见,渗流水的化学组成是复杂的,其形成及演变隐含着极为丰富的环境(如水环境、地质环境以及工程环境)信息。

1. 基本元素

应该说,某元素在水溶液中的含量,一方面与该元素在地壳中的平均含量(即丰度)有关;另一方面也与该元素所具有的化学性质有关,如易溶性、难溶性(可用水-岩分配系数表示)等。按照相对含量,可以把出现在渗流水溶液中的不同元素分为如下三类。

1) 宏量元素

宏量元素也称为常量元素,在地下水中分布最广、含量较高,一般在 10mg/L以上。有关离子分别为 Ca^{2+}、Mg^{2+}、Na^+、K^+、Cl^-、SO_4^{2-}、HCO_3^- 以及 CO_3^{2-}。它们的摩尔质量和相应的电导率见表 1.1。可以把构成这些离子的元素分为两类:一类在地壳中含量较高且较易溶于水,如 Ca、Mg、Na、K;另一类在地壳中含量不高、但极易溶于水,如 Cl、S。

表 1.1　水溶液中宏量元素的摩尔质量和电导率

序号	组分	摩尔质量/(mg/mmol)	单位浓度/(mg/L) 电导率/(μS/cm)
1	CO_3^{2-}	60.0094	2.82
2	HCO_3^-	61.0171	0.72
3	OH^-	17.0073	5.56
4	SO_4^{2-}	96.0636	1.54
5	Cl^-	35.4527	2.14
6	Ca^{2+}	40.0780	2.60
7	Mg^{2+}	24.3050	3.82
8	Na^+	22.9898	2.13
9	K^+	39.0983	1.84
10	$CaCO_3$	100.0874	—

另外需要指出,由于运行工况下坝址渗流场中地下水 pH 的变化显著区别于纯天然条件下的地下水,故前者中通常还含有一定量的可溶性 SiO_2[也可写作 H_4SiO_4 或 $Si(OH)_4$]。尽管 Si 元素在地壳中的含量很高,但在普遍呈弱酸性、中性至弱碱性的天然地下水中因其难溶于水而含量较低;然而在呈显著碱性化的坝基幕后地下水中因其溶解度的增大而使含量有所增大。

2) 微量元素

微量元素在地下水中分布较广,但含量不高,一般在 1~10mg/L。有关离子有铁离子($Fe^{2+}+Fe^{3+}$)、锰离子($Mn^{2+}+Mn^{4+}$)、NO_3^- 及 NH_4^+ 等。

3）痕量元素

痕量元素在渗流水中分布不普遍且含量很低,一般低于 1mg/L。有关离子有 F^-、Sr^{2+}、Br^- 等。

在日常的渗流水化学监测工作中,对于上述宏量元素、微量元素应进行检测,而对于痕量元素,除特殊要求之外,可不必进行化验。

2. 溶解状气体

天然条件下地下水中常见的气体成分包括 O_2、N_2、CO_2、CH_4 以及 H_2S 气体等。坝址地下水中一般含有少量的 O_2(包括 N_2)、CO_2 和 H_2S 这三种溶解状气体。此类溶解状气体的存在,一方面可反映水体所处的地球化学环境;另一方面,对于某些化学反应具有促进作用,如含有一定量溶解状 CO_2 的水体对于碳酸盐类矿物的溶解能力以及表生环境下对于各类岩体的风化能力就会显著提高。

地下水中的溶解氧(dissolved oxygen,DO)多源于大气降水。DO 含量高,说明水体所处的环境有利于氧化作用的进行。

地下水中 CO_2 的来源:一是坝前库水,尤其是库底水,对于大中型水库,库底水多处于低温、高压状态,以致 CO_2 含量高于表层及浅层水,而库底水往往是坝基地下水最直接的补给源;二是大坝两岸非饱和带中有机质残骸的发酵作用以及植物的呼吸作用,不断产生 CO_2 并溶入流经此带的地下水中。另外,一定条件下区内地质体中有机质(如碳质页岩)的氧化也会产生此类溶解状气体。

地下水中若出现一定量的 H_2S 气体(伴随有臭鸡蛋味),其意义与 DO 相反,说明水体所处的环境有利于还原作用的进行。事实上,H_2S 正是一定条件下(如脱硫细菌的参与)多由 SO_4^{2-} 还原的产物,即由脱硫酸作用所致。

3. 络 合 物

已有的研究表明,地下水中的溶解状组分由游离离子(包括单一离子及络阴离子两部分)和络合物组成;通常的水化学分析结果只能得到某元素的分析浓度,而相关的游离离子及络合物的浓度是未知的。根据水化学分析结果,一般可采用基于化学热力学原理建立的平衡常数法进行求解。定量反映地下水中络合物的存在形式及相对含量,有助于解析水溶液与某些特定矿物(如碳酸盐类矿物)间的反应状态,如溶解-沉淀作用状态。

天然地下水中可存在数十种络合物[1],见表 1.2。事实上,其中有一些并非常见,而与上述宏量元素有关的络合物仅为 10 种左右,如 $CaSO_4^0$、$MgSO_4^0$、$NaSO_4^-$、KSO_4^-、$CaHCO_3^+$、$MgHCO_3^+$、$NaHCO_3^0$、$CaCO_3^0$、$MgCO_3^0$、$NaCO_3^-$ 等。此类溶解状组分在水溶液中发生的化学反应可用质量作用定律描述。

地下水中络合物的存在形式及含量,既与水的化学组成及浓度有关,又与水的 pH 有关。如水的 pH<8.3,表 1.2 中系列 3 所示的一类络合物可忽略不计;如 pH>10.3,表 1.2 中系列 2 所示的一类络合物可忽略不计;而如果 pH<7.0,则表 1.2 中系列 4 所示的一类络合物可忽略不计。

表 1.2　地下水中的络合物存在形式统计

系列编号	阴离子	络合物
1	SO_4^{2-}	$CaSO_4^0$、$MgSO_4^0$、$NaSO_4^-$、KSO_4^-、$FeSO_4^0$、$AlSO_4^+$、$Al(SO_4)_2^-$、$LiSO_4^-$、$NH_4SO_4^-$、$FeSO_4^+$
2	HCO_3^-	$CaHCO_3^+$、$MgHCO_3^+$、$NaHCO_3^0$
3	CO_3^{2-}	$CaCO_3^0$、$MgCO_3^0$、$NaCO_3^-$、$Na_2CO_3^0$
4	OH^-	$CaOH^+$、$MgOH^+$、$FeOH^+$、$FeOH^{2+}$、$Fe(OH)_3^-$、$Fe(OH)_2^0$、$Fe(OH)_4^-$、$Fe(OH)_2^0$、$LiOH^0$、$SrOH^+$、$BaOH^+$、$AlOH^{2+}$、$AlOH^+$、$Al(OH)_4^-$
5	F^-	AlF^{2+}、AlF_2^+、AlF_3^0、AlF_4^-、MgF^+
6	Cl^-	$FeCl^{2+}$、$FeCl^+$、$FeCl_3^0$、$NaCl^0$、KCl^0
7	PO_4^{2-}	$CaPO_4^-$、$CaHPO_4^0$、$CaH_2PO_4^+$、$MgPO_4^-$、$MgH_2PO_4^+$、$FeH_2PO_4^+$

4. 微生物

研究表明,一定环境下地下水系统中发生的氧化还原反应,有微生物的参与并起着催化的作用。尽管此类作用并不影响反应方向,但会显著地影响反应速率。例如,自然界中硫化物类矿物的氧化过程可以在没有任何微生物的参与下发生,但其氧化反应速率相当缓慢,此类反应属于纯化学氧化过程;但在微生物的参与下发生反应的速率则显著加快,此类反应属于生物氧化过程。

在上述反应中起着催化作用的微生物主要是细菌。按照需氧量,可把细菌分为:好氧菌,也称好气菌,在氧化环境下生存并繁殖;厌氧菌,也称厌气菌,在还原环境下生存并繁殖;兼性菌,对于环境的变化不敏感,即在氧化及还原的环境下均能生存并繁殖。按照所需的能源(营养物)种类,可把细菌分为:自养型菌,以无机碳(CO_2 及 HCO_3^-)作为繁殖所需的碳源;异养型菌,以有机质中的有机碳作为繁殖所需的碳源。地下水系统中存在的大多数细菌属于异养型菌,如反硝化菌、硫还原菌等。

细菌对于地下水流系统中变价元素的地球化学行为也有着重要影响。铁细菌具有好气性,可利用水中亚铁而繁殖,在近中性水中发育;结果可把低价的铁、锰元素氧化成高价的铁、锰化合物。地下水中溶解的铁主要以 $Fe(HCO_3)_2$ 的形式存在,此类化合物一般并不能直接被氧化,而是先经水解成 $Fe(OH)_2$,再被氧化成 $Fe(OH)_3$。在此反应过程中,铁细菌起到催化的作用。

5. 胶体

凡颗粒半径在 $10^{-9} \sim 10^{-7}$ m 者称为胶体。它比离子和分子大，但比悬浮体小，总体上呈球形。水体中若含有此类物质则具有 Tyndall 效应，即存在光的散射现象。

归纳起来，胶体具有如下特性[2]：①是物质以一定分散程度而存在的某一种状态，而不是一种特殊的物质。②存在两种特殊的形态，一种为憎水溶胶，另一种则为大分子溶液；在热力学上，前者通常不稳定，后者则相对稳定。③其结构由胶粒和胶团构成，而胶粒则由胶核和吸附层组成；由此决定了此类物质特有的分散度、不均匀性（多相）和聚集不稳定性。

地下水溶液中的胶体大多数带电。其中，带正电的胶体称为正胶体，如氢氧化物胶体等；而带负电的胶体则称为负胶体，如氧化物、硫化物、腐殖质胶体等（表 1.3）。

表 1.3　地下水溶液中常见的正负胶体

正胶体	负胶体	正胶体	负胶体
$Fe(OH)_3$	SiO_2	$Ca(OH)_2$	硫化物
$Al(OH)_3$	MnO_2	$CaCO_3$	黏土质
$Ti(OH)_4$	有机酸	$MgCO_3$	腐殖质

地下水溶液中胶体稳定与否的状态，既与聚集的稳定性程度有关，又与动力学有关。当胶体颗粒之间的间距比较大，以致双电层之间尚未重叠时，胶粒之间的排斥力几乎不发生作用，彼此之间以吸引为主；而当两个带电荷的胶粒相互靠近以致双电层部分重叠时，则在重叠部位溶质（离子）的浓度显著地增加，过剩的溶质具有的渗透压与胶粒间的静电斥力将阻止胶粒间的靠近，因此产生排斥作用。而当胶粒间相互凝聚时，必须克服一定的势垒，这是胶体能保持相对稳定的重要原因。但如果胶粒间的吸引效应足够抵消排斥而产生碰撞，将导致胶粒间发生聚合，并最终发生沉淀而析出。

影响胶体发生聚沉的因素包括：电解质的作用、胶体之间的作用、溶胶的浓度、溶液的 pH 和 Eh 以及环境因素（如温度和压力的变化）等。

6. 同位素

由定义可知，同位素指同一元素中质量数不同的各种原子，即原子序数相同、而质量数不同的各种原子。它们的化学性质几乎相同，在周期表中占据同一位置。自然界中的大多数元素都有同位素。同位素可分为两类：一类是稳定同位素，如 H、C、N、O、S 及 Si 等；另一类是放射性同位素，其核素的衰变主要包括三个系列:U-系、U-Th 系与 Ac-系,它们的原始母核分别是 U-238、Th-232 和 U-235。

这里,仅讨论稳定同位素,且仅探讨 O、H 这两种同位素。因为这两种同位素是坝址渗流水化学相对重要的组成部分,尽管有关的分析数据还少有报道。

氧在自然界有三个同位素,即 ^{16}O、^{17}O 及 ^{18}O,其中 ^{16}O 与 ^{18}O 占整个氧相对丰度的 99.9% 以上(表 1.4)。与坝址渗流水化学相关的自然界中氧同位素的分布特点见表 1.5。

表 1.4　自然界中氧同位素的相对丰度

同位素	原子量	相对丰度/%
^{16}O	15.9994	99.756
^{17}O	16.9991	0.039
^{18}O	17.9992	0.205

表 1.5　自然界中氧同位素的分布特征

物质	成分	氧同位素组成[$\delta(^{18}O)$]/‰
雨水	H_2O	$-15\sim0$
河、湖水	H_2O	$-20\sim0$
海水	H_2O	$-1\sim1$
	$CaCO_3$	$20\sim30$
沉积物	SiO_2	$40\sim50$
	$Ca(OH)_2$ 等	$10\sim20$

关于水体中 ^{18}O 和 ^{2}H 这两种稳定同位素的含量,可以将平均海洋水标准(standard mean ocean water,SMOW)作为参照的标准。该标准提供了大气降水的合适标准,因为海洋是自然界中水文循环的归宿。Craig[3]将其定义为

$$\left(\frac{^{18}O}{^{16}O}\right)_{SMOW} = (1993.4 \pm 2.5) \times 10^{-6}$$

$$\left(\frac{^{2}H}{^{1}H}\right)_{SMOW} = (158 \pm 2) \times 10^{-6} \tag{1.1}$$

随后,国际原子能机构(International Atomic Energy Agency,IAEA)准备了一个用做同位素标准的水样,称之为维也纳标准平均海水(Vienna standard mean ocean water,VSMOW),具有如下定义[4]:

$$\left(\frac{^{18}O}{^{16}O}\right)_{VSMOW} = (2005.2 \pm 0.45) \times 10^{-6}$$

$$\left(\frac{^{2}H}{^{1}H}\right)_{VSMOW} = (155.76 \pm 0.05) \times 10^{-6} \tag{1.2}$$

某水样中,^{18}O 和 ^{2}H 一类稳定同位素的组成可用 δ(‰)表示,即

$$\delta(^{18}\mathrm{O})=\left[\frac{\mathrm{N}(^{18}\mathrm{O})/\mathrm{N}(^{16}\mathrm{O})_{样品}}{\mathrm{N}(^{18}\mathrm{O})/\mathrm{N}(^{16}\mathrm{O})_{样品}}-1\right]\times1000 \tag{1.3}$$

$$\delta(^{2}\mathrm{H})=\left[\frac{\mathrm{N}(^{2}\mathrm{H})/\mathrm{N}(^{1}\mathrm{H})_{样品}}{\mathrm{N}(^{2}\mathrm{H})/\mathrm{N}(^{1}\mathrm{H})_{样品}}-1\right]\times1000 \tag{1.4}$$

将陆地上降水中的 $\delta(^{18}\mathrm{O})$ 和 $\delta(^{2}\mathrm{H})$ 的关系表示在坐标系中,可得到它们之间具有如下线性关系:

$$\delta(^{2}\mathrm{H})=8\delta(^{18}\mathrm{O})+10 \tag{1.5}$$

式(1.5)即为著名的降水线。

在实际工作中,可用同位素质谱仪对样品中的上述稳定同位素加以测定。在进行水样中 $^{18}\mathrm{O}$ 的测定时,首先使水与 CO_2 之间达到平衡态,然后分析 CO_2。为保证水与 CO_2 之间的快速交换,应使水的 pH<4.5。此时,可用与水处于平衡状态的 CO_2 的值求得水样中 $\delta(^{18}\mathrm{O})$ 的值。已有的研究表明,与水保持平衡状态的 CO_2 富集了大约 41.2‰的 $^{18}\mathrm{O}$,CO_2 与 $\mathrm{H}_2\mathrm{O}$ 之间的分馏系数为 1.0412(平均值)。在进行水样中 $^{2}\mathrm{H}$ 测定时,作为传统方法,先用锌将水还原为氢元素,然后进行水中 $^{2}\mathrm{H}$ 的测定。目前,已出现了一种新方法,即利用铂粉做催化剂进行 H_2 和 $\mathrm{H}_2\mathrm{O}$ 之间的交换。由于采用此方法可将所有的水还原且所有的氢均转化为氢气,故没有发生同位素的分馏。因此,用此新方法测定的 $^{2}\mathrm{H}/^{1}\mathrm{H}$ 之值,无需备样做技术校正。

需要指出,氢氧化物与水之间的 $^{18}\mathrm{O}$ 和 $^{2}\mathrm{H}$ 同位素分馏是很显著的,但由于大部分氢氧化物与水之间的反应只是发生在高 pH 的条件下,因此很难进行观测。然而,由于受到大坝及基础帷幕工程的影响,坝址渗流场内地下水普遍呈碱性化(同补给源相比较),甚至局部呈强碱性,如坝基帷幕体后。形成基础帷幕体的普通水泥材料中,CaO 和 SiO_2 是其主要成分,与水化合后可形成一系列的 Ca-Si 的氢氧化物。而此类氢氧化物均具有一定的溶解性,其中 $\mathrm{Ca(OH)}_2$ 的溶解性更好一些。由此,可在一定范围(如幕后)内形成高 pH 的地下水。

根据已有的研究,$\mathrm{Ca(OH)}_2$ 的离解常数为 $10^{-5.02}$,当其与水溶液处于饱和状态时,有 pH=12.52。在这样的水溶液中,很可能在相对丰富的 OH^- 和 $\mathrm{H}_2\mathrm{O}$ 之间发生比较强烈的同位素分馏,从而影响该部位地下水的同位素组成。可见,在诸如坝基幕后局部呈强碱性的地下水中的 $^{18}\mathrm{O}$ 含量可能要相对丰富于纯天然条件下的地下水。

研究坝址地下水中诸如 $^{18}\mathrm{O}$ 和 $^{2}\mathrm{H}$ 一类同位素的分布特征至少具有如下两个方面的意义:一是有助于探讨区内地下水的补给源以及所具有的水动力特征;二是有助于揭示水-岩系列(包括工程材料)间相互作用过程中元素的交换。

综上所述表明,运行工况下水-岩-坝(还包括基础帷幕体)三者之间的相互作用不仅改变了区内地下水的常规水化学特征,而且也具有复杂的同位素效应。

1.2 水化学综合指标

1. pH

天然水体中一定比例的水分子(H_2O)可发生如下离解反应：

$$H_2O \Longleftrightarrow H^+ + OH^-$$ (1.6)

实际上，水中的 H^+ 具有多种存在形式，如 H_3O^+、$H_5O_2^+$、$H_7O_3^+$ 等，其浓度 m_{H^+} 或活度 $[H^+]$ 代表了上述类型离子的总和。其平衡表达式为

$$K_w = [H^+][OH^-]$$ (1.7)

式中：K_w 为水的离解平衡常数，随温度和压力而变化，见表 1.6。可见，K_w 的变化与温度更密切些。

表 1.6 水的离解平衡常数统计

温度 $T/℃$	压力 P/bar	$\lg K_w$
0	1	−14.93
10	1	−14.53
20	1	−14.17
25	1	−14.00
25	200	−13.92
25	400	−13.84
30	1	−13.83
50	1	−13.26

注：$1\text{bar} = 10^5\text{Pa}$。

水的 pH 可定义为

$$pH = -\lg[H^+]$$ (1.8)

在标准状态下（即 25℃，1bar）中性水中 $[H^+]$ 与 $[OH^-]$ 之间具有如下平衡关系：

$$[H^+] = [OH^-] = \sqrt{K_w}$$ (1.9)

即在标准状态下，中性水具有：$K_w = 10^{-14}$、$[H^+] = [OH^-] = 10^{-7}$ 以及 pH=7。显然，若有 $[H^+] > [OH^-][pH < -\lg(K_w)/2]$，称水溶液呈酸性；反之，若有 $[H^+] < [OH^-][pH > -\lg(K_w)/2]$，则称水溶液呈碱性。在实际工作中可根据水的 pH 大小进行分类。

水的 pH 不仅反映水溶液的酸碱性，也在一定程度上反映化学元素在水溶液中的存在形式以及受到迁移的难易程度。水的 pH 变化受多因素的影响，尤其是

对水环境的变化有着敏感的反应,如温度、压力(特别是 CO_2 等气体的分压)等,因此宜在现场进行原位测量。

需要指出的是,自然界中由于对水的 pH 变化具有缓冲作用(buffering)的碳酸类物质广泛存在,水体的 pH 多在 6.0~8.0。然而,由于受到某种因素的影响,局部水体的 pH 可能呈现异常变化。即当碱化作用强度大于酸化作用强度时,水的 pH 可能大于 8.0,甚至达到 10.0 或以上;反之,当酸化作用强度大于碱化作用强度时,水的 pH 可能小于 6.0,甚至更低。总之,天然水溶液的 pH 是由水中溶解的酸性物质(如 CO_2、H_2S、SO_2 和 HCl 等)和碱性物质(如 CaO、MgO、K_2O 和 Na_2O 等)的酸碱度及有效离子浓度(活度)控制的。

运行工况下,坝址局部渗漏水呈碱性化,多与大坝工程有关。例如,坝踵帷幕体后渗漏水多呈碱性化,即与上游侧帷幕体中 $Ca(OH)_2$ 一类水泥水化产物的溶出有关,而幕后滞缓的水动力特征亦有利于幕后渗漏水的碱性化。

运行工况下,坝址局部渗漏水也可能呈酸性化,多与地质条件有关。例如,浙江湖南镇大坝左岸观 16 孔位地下水多年来呈现明显的酸性,pH＝3.46~4.28 (1992~1999 年);对区内的岩性鉴定,得出流纹斑岩体中含有呈零星分布的黄铁矿晶体。又如,福建街面水电站大坝坝后流经量水堰的渗漏水也呈酸性,pH＝3.3~3.5(2008~2015 年),而位于该坝址右岸下游侧的尾水支洞渗漏水的 pH 更低一些,在 2.7~3.0;经对区内的岩性鉴定,得出区内石英砂岩中也含有呈零星分布的黄铁矿晶体。显然,上述两个水电站坝址局部渗漏水的显著酸化与区内地质体中所含的硫化物于表生环境下的风化溶解作用有关。

作为硫化物系列之一,黄铁矿多以肉眼不易察觉的细分散颗粒赋存于岩体中,呈细小球粒状晶体,如图 1.1 所示。在表生环境下,此类矿物是不稳定的,易发生风化溶解作用,从而导致区内水体的酸化。有关化学反应包括如下三个步骤:

(1) 黄铁矿氧化的产酸过程。

$$FeS_2 + \frac{7}{2}O_2 + H_2O \longrightarrow Fe^{2+} + 2SO_4^{2-} + 2H^+$$

(2) 低价铁的氧化过程。

$$Fe^{2+} + \frac{1}{4}O_2 + H^+ \longrightarrow Fe^{3+} + \frac{1}{2}H_2O$$

(3) 高价铁的水解过程。

$$Fe^{3+} + 3H_2O \longrightarrow Fe(OH)_3 + 3H^+$$

$$FeS_2 + 14Fe^{3+} + 8H_2O \longrightarrow 15Fe^{2+} + 2SO_4^{2-} + 16H^+$$

由上述最后一反应式可知,在 Fe^{3+} 作为氧化剂的参与下,1mol FeS_2 的氧化,在水中可分别产生 2mol SO_4^{2-} 和 16mol H^+,从而使水变为 SO_4^{2-} 含量高的酸性

图 1.1　某水电站坝址含有黄铁矿晶体的砂岩

水。当含量达到一定时,可分别产生对于水工混凝土材料的硫酸盐型及酸性型侵蚀作用。事实上,上述反应的发生往往还伴随微生物的作用,如氧化硫硫杆菌(*Thiobacillus thiooxidans*)、氧化亚铁硫杆菌(*Thiobacillus ferrooxidans*)和氧化亚铁亚铁杆菌(*Ferrobacillus ferrooxidans*)一类微生物均能催化亚铁的氧化。

2. 硬度

硬度(Th)是由水溶液中多价金属离子的含量构成的,这些离子包括 Ca^{2+}、Mg^{2+}、总铁($Fe^{2+}+Fe^{3+}$)、总锰($Mn^{2+}+Mn^{4+}$)、Al^{3+}、Ba^{2+} 等。与前两种离子的含量相比,后几种多价金属离子在天然水中的含量很低,因而通常认为水的硬度主要由 Ca^{2+}、Mg^{2+} 构成,并具有如下表达式:

$$Th=2.5[Ca^{2+}]+4.1[Mg^{2+}] \tag{1.10}$$

式中:$[Ca^{2+}]$、$[Mg^{2+}]$ 表示这两种离子的浓度,单位均为 mg/L;Th 代表了溶解 $CaCO_3$ 的当量浓度;比例因子 2.5 和 4.1 分别代表 $CaCO_3$ 的分子量与钙、镁的原子量之比值。

水的硬度又有总硬度、永久硬度与暂时硬度之分。在数值上,总硬度为永久硬度与暂时硬度两者之和。当 $\gamma[Ca^{2+}]+\gamma[Mg^{2+}]>\gamma[HCO_3^-]$ 时,暂时硬度即由重碳酸盐碱度 $\gamma[HCO_3^-]$ 构成;而当 $\gamma[Ca^{2+}]+\gamma[Mg^{2+}]<\gamma[HCO_3^-]$ 时,暂时硬度则由 Ca^{2+}、Mg^{2+} 构成,且在数值上等于总硬度。上述组分的单位均为 meq/L[①]。

在表示方法上,可以用每升毫克当量(meq/L)来表示,也可以用 $CaCO_3$ 的每

①在实际工作中,有时也使用 meq/L,故在本书中加以保留。

升毫克数来表示。在数值上,等于多价金属离子毫克当量浓度的总和乘以 $CaCO_3$ 的当量。此外,亦可用德国度等方法来表示。在实际工作中,可根据水的硬度的大小进行分类。

3. 碱度

碱度(Alk)反映了水溶液中和酸的能力。天然水的碱度由水中的弱酸盐类构成,而弱碱和强碱对之也有一定的贡献。一般情况下,碱度主要是由水中所含的碳酸盐及重碳酸盐构成,可定义为

$$Alk = [HCO_3^-] + 2[CO_3^{2-}] + [OH^-] - [H^+] \tag{1.11}$$

若式(1.11)中有关组分的浓度单位为 mol/L,则 Alk 的单位为 eq/L。

碱度的参考状态若以纯净的 CO_2-H_2O 系统作为参考点,则此时溶液中存在的离子类型仅如式(1.11)所示;当处于电荷平衡时,有[Alk]=0。当然,关于碱度也可以采用其他定义,取决于所选的参考状态。其通式可表示为

$$Alk\left[\sum[i^+]_{sb} - \sum[i^-]_{sa}\right] = [HCO_3^-] + 2[CO_3^{2-}] + [OH^-] - [H^+] \tag{1.12}$$

式中:$[i^+]$ 和 $[i^-]$ 分别表示带正电荷的强碱和带负电荷的强酸浓度,mol/L。

显然,坝址渗流水并不是仅含有溶解状 CO_2 气体的纯水,水溶液中存在的离子类型远复杂于式(1.11),因此即使处于电荷平衡,其碱度也并非为零。事实上,现有规范将 HCO_3^- 作为评价坝址渗流水是否存在溶出性侵蚀(或腐蚀)作用的一个重要指标,即当 $[HCO_3^-]$ 浓度≤1.07mmol/L,则存在此类侵蚀作用。

4. 溶解性总固体及电导率

溶解性总固体(total dissolved solids,TDS),也称为矿化度或总矿化度,由水中溶解组分(包括无机盐和有机盐)的总量构成,包括水中所含的离子、分子及化合物,但不包括悬浮物和气体等非固体组分,反映了水的化学特征及其被矿化的程度;可通过在 105～110℃下把水蒸干、对其干沽残余物进行称重而得到,也可根据水质分析结果经计算而得到。采用后一种方法,就是把所有溶解组分(溶解气体除外)的浓度相加,但对组分 HCO_3^- 的浓度仅取其 1/2。这是由于在水样的蒸干过程中,约有 1/2 的 HCO_3^- 转化成 CO_2 气体而散失了。

通常,地下水中的宏量元素(如 1.1 节所述,即以离子态、化合物态或络合物态)含量构成了 TDS 值的 95% 以上。但对于坝址地下水,由于呈相对普遍的碱性化,其 TDS 值中还应包括硅[多以 $Si(OH)_4$ 等形式存在]元素等。在实际工作中,可根据水的 TDS 值的大小进行分类。

水的电导率(EC)反映水溶液中离子产生的导电现象,在数值上为通过 $1cm^3$

水体所遇的电阻的倒数之值,与温度有关,宜在现场进行测量。对于水样的电导率的测量,可达到间接测量溶液中所有离子总量的目的,与待测溶液的 TDS 之间在统计上具有正相关性。对于低矿化水,EC 值通常为数十μS/cm;而对于高矿化水,EC 值则可达数千个μS/cm。该物理量与 TDS 之间具有如下线性关系[5]:

$$EC \approx A \times TDS \tag{1.13}$$

式中:EC 为水的电导率,μS/cm;TDS 为溶解性总固体,mg/L;A 为待定常数,一般在 0.40～0.80。当水中阴离子以 HCO_3^- 和 Cl^- 为主要离子时,A 取 0.40;而以 SO_4^{2-} 为主要离子时,A 取 0.80。可见,用电导率表示水的 TDS 具有近似性,因为在一定的 TDS 条件下,其导电性随所含的离子类型及含量不同而发生变化。

1.3　水化学分类

根据具体的水化学分析结果,可进行水质分类,以便于定性分析。

可以按照水的物理特征,也可以根据水质的综合指标进行分类。水的物理特征包括水的温度、密度、透明度以及气味强度等;水质的综合指标包括 TDS(或矿化度)、含盐量、pH、氧化还原电位(Eh)、溶解氧、生化需氧量及化学需氧量、硬度、碱度等指标。在实际工作中,可视不同的要求和目的选择相应的指标进行水质分类。在坝址渗流水化学评价工作中,认为分别按照水的 pH、硬度以及 TDS 等指标的分类是必要的,具体的分类标准及相应的水质类型见表 1.7～表 1.9。

表 1.7　水的 pH 分类

水质类型	pH
强酸性水	<5.0
弱酸性水	$5.0 \sim 6.4$
中性水	$6.5 \sim 8.0$
弱碱性水	$8.1 \sim 10.0$
强碱性水	>10.0

表 1.8　水的硬度分类

水质类型	$CaCO_3$ 硬度/(mg/L)
极软水	<75
软水	$75 \sim 150$
微硬水	$150 \sim 300$
硬水	$300 \sim 450$
极硬水	>450

表 1.9　水的 TDS 分类

水质类型	TDS/(g/L)
淡水	<1
微咸水（弱矿化水）	1～3
咸水（中等矿化水）	3～10
盐水（高矿化水）	10～50
卤水	>50

对坝址渗流水化学除了进行上述方面的分类,还可以根据主要阴、阳离子间的相对数量关系进行分类。此分类包括舒卡列夫分类、布罗茨基分类以及阿廖金分类等[6]。在实际工作中,舒卡列夫分类法应用得比较普遍,见表 1.10。该分类法由苏联学者(舒卡列夫)提出,是根据地下水中 6 种主要离子(K^+ 合并于 Na^+ 中)以及 TDS 划分的。将含量大于 25%毫克当量的阴离子与阳离子进行组合,每一种类型以一个数字作为代号,共形成 49 种类型水。按照 TDS 又可划分为 4 组:A 组,TDS<1.5g/L;B 组,TDS=1.5～10g/L;C 组,TDS=10～40g/L;D 组,TDS>40g/L。根据表 1.10,自然界中具有不同水化学类型的水都可以用一个简单的数字代替,并赋予一定的水文地质环境。另外,由该表也可以得出:从左上角向右下角方向,与水的 TDS 值增大的方向是一致的。当然,此分类法也存在不足,如以 25%毫克当量作为划分水化学类型的依据带有人为性,又如对大于 25%毫克当量的离子未反映其大小的次序,故尚不能反映水质的细微变化。在实际工作中,可对这些不足做必要的修正。

表 1.10　水化学的舒卡列夫分类

阳离子	阴离子						
	HCO_3^-	$HCO_3^- + SO_4^{2-}$	$HCO_3^- + SO_4^{2-} + Cl^-$	$HCO_3^- + Cl^-$	SO_4^{2-}	$SO_4^{2-} + Cl^-$	Cl^-
Ca^{2+}	1	8	15	22	29	36	43
$Ca^{2+} + Mg^{2+}$	2	9	16	23	30	37	44
Mg^{2+}	3	10	17	24	31	38	45
$Na^+ + Ca^{2+}$	4	11	18	25	32	39	46
$Na^+ + Ca^{2+} + Mg^{2+}$	5	12	19	26	33	40	47
$Na^+ + Mg^{2+}$	6	13	20	27	34	41	48
Na^+	7	14	21	28	35	42	49

第 2 章　渗流水化学的形成作用及其影响因素

已有的水质化验资料表明,坝址渗流水化学的基本特征既不同于坝前库水及岸坡地下水,也有别于水库蓄水之前区内的地下水。可见,蓄水环境下坝址渗流场内水-岩-坝(包括基础帷幕体等)三者之间发生了复杂的物理化学作用——此类作用无时无处不在,同时也受到来自系统和环境的多因素影响。

本章主要介绍坝址渗流水化学的主要形成作用以及影响因素,旨在为通过渗流水化学分析判断区内可能存在的大坝运行安全隐患提供理论支持。

2.1　水化学的形成作用

2.1.1　溶解作用

由于各类岩石中普遍存在具有一定溶解性的矿物,因而认为此类作用是坝址渗流水质的形成及演变的最重要的机制。按照溶解度 S 的大小,可把自然界中的各种矿物分为易溶性($S>10g/L$)、中等溶解性($S=0.5\sim10g/L$)、难溶性($S=0.001\sim0.5g/L$)及非溶性($S<0.001g/L$)等四类,有关代表性矿物及基本特性见表 2.1。由表可知,矿物的溶解度在统计上与矿物的密度、结晶成熟度以及结构复杂度成反比,即矿物的组成越密实、结晶程度越好、结构越复杂,其溶解度就要低一些,反之则要高一些。显然,这种分类具有相对性。另外,在一定的条件下矿物的溶解性能是可以改变的。例如,石英的溶解度在呈酸性的水溶液中很低,但在呈碱性的水溶液中则有明显的增大,而方解石的溶解度的变化则与之相反,如图 2.1 所示[7]。根据化学动力学的基本理论,矿物的溶解作用将受到表面反应和

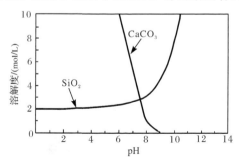

图 2.1　$CaCO_3$ 与 SiO_2 类矿物的溶解度与 pH 之间的关系

扩散迁移两方面的影响,但溶解度低的矿物溶解主要受表面控制(surface-controlled),而溶解度高的矿物的溶解则主要受扩散控制(diffusion-controlled)。

表 2.1　自然界中部分矿物的溶解度及相关特性统计

分类	矿物名称	化学分子式	溶解度 /(g/L)	密度 /(g/cm³)	溶解速率控制
易溶	水氯镁石(bischofite)	$MgCl_2 \cdot 6H_2O$	1190	1.56	A
	六水泻盐(hexahydrite)	$MgSO_4 \cdot 6H_2O$	948	1.76	A
	泻利盐(epsomite)	$MgSO_4 \cdot 7H_2O$	757	1.67	A
	芒硝(mirabilite)	$Na_2SO_4 \cdot 10H_2O$	670	1.46	A
	泡碱(natron)	$Na_2CO_3 \cdot 10H_2O$	500	1.46	A
	无水芒硝(thenardite)	Na_2SO_4	388	2.68	A
	岩盐(halite)	$NaCl$	360	2.17	A
	钾盐(sylvite)	KCl	360	1.98	A
	天然碱(trona)	$Na_3(HCO_3)CO_3 \cdot 2(H_2O)$	100	2.13	A
	硼砂(borax)	$Na_2B_4O_7 \cdot 10H_2O$	62.5	1.73	A
中等	氟盐(villiaumite)	NaF	4.3	2.78	A
	石膏(gypsum)	$CaSO_4 \cdot 2H_2O$	2.4	2.30	A
	硬石膏(anhydrite)	$CaSO_4$	2.1	2.97	A
难溶	菱镁石(magnesite)	$MgCO_3$	0.084	3.00	B
	白云石(dolomite)	$CaMg(CO_3)_2$	0.050	2.84	B
	方解石(calcite)	$CaCO_3$	0.014	2.71	B
	非晶质石英(amorphous silica)	SiO_2	0.030~0.100	2.10	B
非溶	透辉石(diopside)	$Ca(Mg,Fe)(Si_2O_6)$	<0.001	3.22~3.56	B
	绿泥石(chlorite)	$(Mg,Fe,Mn,Al)_{12}[(Si,Al)_8O_{20}](OH)_{16}$	<0.001	2.60~3.30	B
	角闪石(hornblende)	$Ca_2(Mg,Fe)_4AlSi_7AlO_{22}(OH)_2$	<0.001	3.02~3.59	B
	碱性长石(alkali feldspar)	$(K,Na)(AlSi_3O_8)$	<0.001	2.55~2.63	B
	晶质石英(crystalline silica)	SiO_2	<0.001	2.26~2.65	B
	蒙脱石(smectites)	$(Ca,Na_2)_{0.7}(Al,Mg,Fe)_4[(Si,Al)_8O_{20}](OH)_4 \cdot nH_2O$	<0.001	2.00~3.00	B
	高岭石(kaolinite)	$Al_4[Si_4O_{10}](OH)_8$	<0.001	2.61~2.68	B
	伊利石(illites)	$K_{(1.5~1.0)}Al_4[Si_{(6.5~7.0)}Al_{(1.5~1.0)}O_{20}](OH)_4$	<0.001	2.60~2.90	B

注:表中最右一栏 A 指扩散反应,B 指表面反应。

表生环境下矿物发生的风化溶解作用具有广泛性,可分为如下两个系列:

1) 全等溶解作用

全等溶解作用(congruent dissolution)指组成矿物的物质全部以离子态等形式进入水溶液中,表 2.1 所示的岩盐类、硫酸盐类以及碳酸盐类矿物的溶解属于此类,一般为均相反应。相应的反应式如下:

$$NaCl \longrightarrow Na^+ + Cl^- \tag{2.1}$$

$$CaSO_4 \cdot 2H_2O \longrightarrow Ca^{2+} + SO_4^{2-} + 2H_2O \tag{2.2}$$

$$CaSO_4 \longrightarrow Ca^{2+} + SO_4^{2-} \tag{2.3}$$

$$CaCO_3 + H_2O + CO_2 \longrightarrow Ca^{2+} + 2HCO_3^- \tag{2.4}$$

$$CaMg(CO_3)_2 + 2H_2O + 2CO_2 \longrightarrow Ca^{2+} + Mg^{2+} + 4HCO_3^- \tag{2.5}$$

另外,地下水中诸如铁质一类变价元素也可能来自此类溶解作用。即含碳酸的地下水,对于岩体中低价铁的氧化物或碳酸亚铁(菱铁矿)均具有溶解作用:

$$FeO + 2CO_2 + H_2O \longrightarrow Fe^{2+} + 2HCO_3^-$$

$$FeCO_3 + CO_2 + H_2O \longrightarrow Fe^{2+} + 2HCO_3^- \tag{2.6}$$

当岩体中含有高价铁的氧化物时,在还原条件下被还原而溶解于水;生成的 FeS 在碳酸作用下进一步溶解于水中。

$$Fe_2O_3 + 3H_2S \longrightarrow 2FeS + 3H_2O + S$$

$$FeS + 2CO_2 + 2H_2O \longrightarrow Fe^{2+} + 2HCO_3^- + H_2S \tag{2.7}$$

需要指出,此类溶解作用可在矿物的溶解之处形成岩体的结构性空隙,从而导致对于岩体的工程特性具有损伤作用。

2) 不全等溶解作用

不全等溶解作用(incongruent dissolution)亦称异元溶解作用,指组成矿物的物质仅有部分进入水溶液中,同时还形成黏土类次生矿物。硅酸盐类及铝硅酸盐类矿物的溶解属于此类,常见的一些反应如下[8]:

(1) 钠·蒙脱石-高岭石。

$$Na_{0.33}Al_{2.33}Si_{3.67}O_{10}(OH)_2 + \frac{1}{3}H^+ + \frac{23}{6}H_2O ==\!\!=$$

$$\frac{7}{6}Al_2Si_2O_5(OH)_4 + \frac{1}{3}Na^+ + \frac{4}{3}Si(OH)_4 \tag{2.8}$$

(2) 钠长石-钠·蒙脱石。

$$NaAlSi_3O_8 + \frac{6}{7}H^+ + \frac{20}{7}H_2O ==\!\!=$$

$$\frac{3}{7}Na_{0.33}Al_{2.33}Si_{3.67}O_{10}(OH)_2 + \frac{6}{7}Na^+ + \frac{10}{7}Si(OH)_4 \tag{2.9}$$

(3) 钠长石-高岭石。

$$Na_{0.5}Ca_{0.5}Al_{1.5}Si_{2.5}O_8 + \frac{3}{2}H^+ + \frac{11}{4}H_2O ===$$

$$\frac{3}{4}Al_2Si_2O_5(OH)_4 + \frac{1}{2}Na^+ + \frac{1}{2}Ca^{2+} + Si(OH)_4 \qquad (2.10)$$

(4) 伊利石-高岭石。

$$K_{0.6}Mg_{0.25}Al_{2.3}Si_{3.5}O_{9.8}(OH)_2 + \frac{11}{10}H^+ + \frac{63}{60}H_2O ===$$

$$\frac{23}{20}Al_2Si_2O_3(OH)_4 + \frac{3}{5}K^+ + \frac{1}{4}Mg^{2+} + \frac{6}{5}Si(OH)_4 \qquad (2.11)$$

(5) 微斜长石-高岭石。

$$KAlSi_3O_8 + H^+ + \frac{9}{2}H_2O === \frac{1}{2}Al_2Si_2O_5(OH)_4 + K^+ + 2Si(OH)_4$$

$$\qquad (2.12)$$

由上述反应可知,硅酸盐类及铝硅酸盐类矿物的不全等溶解作用:一方面可导致水溶液中 SiO_2 [多以正硅酸 $Si(OH)_4$ 或 H_4SiO_4 形式存在]含量的增大;另一方面也增大了水溶液中部分常量元素(如钙、镁、钠等)的含量。其一般表达式可写为

$$(Ca, Mg, Na 等)长石 + H_2O ===$$
$$黏土矿物 + (Ca^{2+}, Mg^{2+}, Na^+ 等) + Si(OH)_4 + 其他 \qquad (2.13)$$

当地下水呈弱酸性、中性及弱碱性时,SiO_2 多呈胶体在水中迁移并以胶态淋出;而当地下水呈碱性时,部分还呈离子态,即岩石中的晶质、非晶质 SiO_2 经水解形成偏硅酸,并可进一步离解以 SiO_3^{2-} 迁移,从而为坝址渗水析出物的形成提供一个物质来源。

上述不全等溶解作用是导致岩体中软弱夹层发生泥化的一类重要水文地球化学作用。

表生环境下不同矿物间因存在形成环境及组分、结构等方面的差异性,所以具有不同的抵抗风化作用的能力,见表 2.2。该表显示,能够发生全等溶解作用的矿物抵抗风化作用的能力要弱于仅发生不全等溶解作用的矿物。根据热力学规则,风化过程中化学反应的自由能改变为负值,表明产物的晶格自由能比较小。

2.1.2 混合作用

坝址渗流系统中发生的混合作用也相对广泛,多数情形下可使混合后的水溶液发生新的化学反应,从而导致水化学的演变。

表 2.2　表生环境下常见矿物的抵抗风化作用的能力

矿物	化学成分	$G^{\ominus}/(kJ/mol)$	稳定性
岩盐	NaCl	—	
硬石膏	$CaSO_4$	-1321.7	
石膏	$CaSO_4 \cdot 2H_2O$	-1797.2	
硫化物	MS_x		
方解石	$CaCO_3$	-1128.8	
白云石	$MgCa(CO_3)_2$	-2161.7	
铝硅酸盐	—	-2161.7	
橄榄石	$(Mg,Fe)_2SiO_2$	—	
钙长石	$CaAl_2Si_2O_8$	—	
辉石	$Ca(Mg,Fe)Si_2O_6$ 或 $(Mg,Fe)SiO_3$	—	
钙-钠长石	钙长石与钠长石的固溶体	—	抵抗风化作用的
角闪石	$Ca_2(Mg,Fe)_5Si_8O_{22}(OH)_2$	—	能力增强的趋势
钠长石	$NaAlSi_3O_8$	-3711.7	$\downarrow$
黑云母	$K(Mg,Fe)_3(AlSi_3O_{10})(OH)_2$	—	
钾长石	$KAlSi_3O_8$	—	
白云母	$KAl_2(AlSi_3O_{10})(OH)_2$	-1341	
蛭石	$(Mg,Fe,Al)_3(Al,Si)_4O_{10}(OH)_2 \cdot 4H_2O$	—	
蒙脱石	$(0.5Ca,Na)Al_3MgSi_8O_{20}(OH)_4 \cdot nH_2O$	—	
石英	SiO_2	-856.7	
高岭石	$Al_2Si_2O_5(OH)_4$	-3799	
赤铁矿	Fe_2O_3	-742.7	
针铁矿	$HFeO_2$	-488.6	
水铝石	$Al(OH)_3$	-1155	

　　一般而言,蓄水条件下坝址地下水的补给源有两个:一是坝前库水;二是岸坡地下水。其中,位于河床坝段的地下水多以坝前库水补给为主;而位于岸坡坝段的地下水则通常既可获得坝前库水的补给,也可获得岸坡地下水的补给,后者多源自大气降水的入渗补给,局部还可能含有库水的侧向绕渗水。因此,岸坡坝段部位通常是发生混合作用的主要部位,即发生具有化学热力学含义的等温、等熵过程的主要部位。在岩溶地区,此类作用的发生使河谷岸坡部位岩溶的发育要强于河床部位。由此认为,岸坡坝段此类作用的发生使渗流水产生的对于固相介质的物理-化学作用强度可能大于河床部位,从而形成有别于坝址其他部位的渗流水化学特征。例如,在黄河中上游部分水电站坝址区,就存在源于大气降水(以

HCO_3^- 作为控制性阴离子的低矿化水)补给的岸坡浅层地下水与较深部(接近坝基)相对高矿化的地下水之间的混合作用,由此加剧了硫酸盐类矿物的溶解,即有

$$CaSO_4 \cdot 2H_2O + HCO_3^- \longrightarrow CaCO_3 \downarrow + SO_4^{2-} + H^+ + 2H_2O \qquad (2.14)$$

上述反应进一步增大混合后水溶液中 SO_4^{2-} 的浓度,以致区内渗流水局部还存在对于抗硫酸盐水泥的硫酸盐类结晶型侵蚀作用(SO_4^{2-} 浓度 $> 3000mg/L$)。

另外,一定条件下含有一定量胶体的某一水体与富含电解质的其他水体间发生混合后,可形成大量的凝胶而沉淀,从而为一定条件下渗水析出物的形成提供物质来源。

在实际工作中,一方面可根据坝址渗流的补、径、排特征以及具体的水化学(包括环境同位素)特征探讨可能发生混合作用的部位;另一方面,也可根据渗流水温度的变化来判定相应部位是否存在源自坝前库水相对集中的渗漏,或来自岸坡地下水。这是因为水深达 50m 以上的库底水温均低于当地的地温,某部位渗流若主要来自库水,可形成低温异常;若主要来自岸坡浅层地下水,则可能呈现渗漏水温的季节性变化。对此,也可根据渗流系统源汇区(或点)的水质化验资料,应用水文地球化学软件 PHREEQC 中的 Inverse Modeling 模块对上述混合水中不同水源所占的份额进行量化解析。

2.1.3　氧化还原作用

氧化还原(re-dox)反应实际上包括两个过程:一是氧化过程;二是还原过程。某化学反应中发生的氧化还原反应过程应是同时发生的:反应中接受电子的称为还原剂,定义为电子接受体;而反应中失去电子的称为氧化剂,定义为电子给予体。显然,反应中涉及的电子数应是守恒的。通常所述的氧化作用是因为氧元素具有较强的接受电子的趋势,当其在反应中氧化其他元素时,本身被还原。

研究氧化还原反应的一种常用方法就是判定相关元素的氧化态(或氧化数)。所谓氧化态,表示一种假定的电荷值,即如果离子或分子发生离解,其原子将会拥有的电荷值。这种假想的离解,或者对某原子分配的电子,都是按照一定的规则进行的。有关规则可归纳如下[9]:

(1)单原子物质的氧化态等于它的电荷。

(2)共价化合物中,每个原子的氧化态就是当两个原子共有的电子对完全分配给其中电负性更强的原子时,该原子所拥有的电荷。

(3)氧化态的总和,对于分子,等于零;对于离子,则等于它们的离子电荷。

自然界中,部分常见物质的氧化态见表 2.3。需要指出,尽管氧化态的概念一般很少具有化学的真实性,但在讨论化学计量问题时应用这个概念作为平衡氧化还原反应的一种工具,以及系统分析化学问题时还是很有用的。

表 2.3　自然界中部分常见物质的氧化态

物质	元素	氧化态		
H_2O	H(+I)	O(−II)		
O_2	O(0)			
NO_3^-	N(+V)	O(−II)		
N_2	N(0)			
NH_3,NH_4^+	N(−III)	H(+I)		
HCO_3^-	H(+I)	C(+IV)	O(−II)	
CO_2,CO_3^{2-}	C(+IV)	O(−II)		
CH_2O	C(0)	H(+I)	O(−II)	
CH_4	C(−IV)	H(+I)		
SO_4^{2-}	S(+VI)	O(−II)		
H_2S,HS^-	H(+I)	S(−II)		
Fe^{2+}	Fe(+II)			
$Fe(OH)_3$	Fe(+III)	O(−II)	H(+I)	
$Al(OH)_3$	Al(+III)	O(−II)	H(+I)	
$Cr(OH)_3$	Cr(+III)	O(−II)	H(+I)	
CrO_4^{2-}	Cr(+IV)	O(−II)		

考察如下氧化还原反应:

$$\frac{1}{4}O_2 + Fe^{2+} + H^+ \Longrightarrow Fe^{3+} + \frac{1}{2}H_2O \tag{2.15}$$

式(2.15)从左向右:氧由 O(0)还原为 O(−II),铁则由 Fe(+II)氧化为 Fe(+III),而氢依然为 H(+I),即既未被氧化也未被还原。实际上,该反应由如下两个半反应式构成:

$$\frac{1}{4}O_2 + H^+ + e^- \Longrightarrow \frac{1}{2}H_2O \tag{2.16}$$

$$Fe^{2+} \Longrightarrow Fe^{3+} + e^- \tag{2.17}$$

式中:O_2 为电子接受体;Fe^{2+} 为电子给予体。

显然,不同水体具有不同的氧化或还原趋势,取决于水体中所含的电子接受体及电子给予体的浓度。与水的 pH 定义相似,用水的 pe 值来量化水体被氧化或还原的趋势。其表达式为

$$pe = -\lg[e^-] \tag{2.18}$$

式中:$[e^-]$为电子的活度,由处于平衡态的氧化还原半反应式确定。

考察铁被还原的半反应,将式(2.17)改写成

$$Fe^{3+} + e^- =\!=\!= Fe^{2+} \tag{2.19}$$

当达到平衡态时,按照质量作用定律在反应物与生成物之间可建立如下关系:

$$K = \frac{[Fe^{2+}]}{[Fe^{3+}][e^-]} \tag{2.20}$$

式中:K 为平衡常数。

这样,由式(2.18)和式(2.20)可计算水的 pe 值。相应的表达式为

$$pe = lgK + lg\frac{[Fe^{3+}]}{[Fe^{2+}]} \tag{2.21}$$

由式(2.19),可得到氧化还原半反应式的一般表达式:

$$OX(氧化态) + ne^- = RED(还原态) \tag{2.22}$$

当处于平衡态时,由式(2.22)可得到

$$pe = \frac{1}{n}\left\{lgK + lg\frac{[OX]}{[RED]}\right\} \tag{2.23}$$

在实际工作中,通常用参数 Eh(氧化还原势)来替代 pe。两者之间具有如下关系:

$$Eh = \frac{2.3RT}{F}pe \tag{2.24}$$

式中:R 为摩尔气体常数,在数值上等于 0.008314kJ/mol;T 为热力学温度(K);F 为法拉第常量,96.564kJ/V。

由式(2.23)和式(2.24),可得到参数 Eh 的另一表达式:

$$\begin{aligned}
Eh &= \frac{2.3RT}{F} \cdot \frac{1}{n}\left[lgK + lg\frac{[OX]}{[RED]}\right] \\
&= \frac{2.3RT}{nF}lgK + \frac{2.3RT}{nF}lg\frac{[OX]}{[RED]} \\
&= E_h^\ominus + \frac{2.3RT}{nF}lg\frac{[OX]}{[RED]}
\end{aligned} \tag{2.25}$$

式中:$E_h^\ominus$ 为标准氧化还原电位,即标准状态下参与反应的物质浓度为单位活度(mol)所具有的电位;n 为反应中的电子数。

参与地下水系统中氧化还原反应的主要是一些变价元素,如铁、锰等,部分常见的氧化还原反应见表2.4。总体上,坝址地下水系统自补给区向排泄区,是向着氧被逐渐消耗的还原环境演变。在实际工作中,应该从多个方面展开研究,以综合判定研究区内某部位水体的氧化还原状态,有关评价指标见表2.5。

表 2.4　地下水系统中部分常见的氧化还原反应及其自由能统计

反应类型	化学反应式	$G/(\mathrm{kJ/mol})$
反硝化作用	$\frac{1}{4}CH_2O + \frac{1}{5}NO_3^- + \frac{1}{5}H^+ = \frac{1}{4}CO_2(g) + \frac{1}{10}N_2(g) + \frac{7}{20}H_2O$	-113.0
锰的还原作用	$\frac{1}{4}CH_2O + \frac{1}{2}MnO_2(s) + H^+ = \frac{1}{4}CO_2(g) + \frac{1}{2}Mn^{2+} + \frac{3}{4}H_2O$	-96.7
铁的还原作用	$\frac{1}{4}CH_2O + Fe(OH)_3(s) + H^+ = \frac{1}{4}CO_2(g) + Fe^{2+} + \frac{9}{4}H_2O$	-46.7
硫的还原作用	$\frac{1}{4}CH_2O + \frac{1}{8}SO_4^{2-} + \frac{1}{8}H^+ = \frac{1}{4}CO_2(g) + \frac{1}{8}HS^- + \frac{1}{4}H_2O$	-20.5
甲烷的产生	$\frac{1}{4}CH_2O = \frac{1}{8}CO_2(g) + \frac{1}{8}CH_4$	-17.7
铁的氧化作用	$2Fe^{2+} + \frac{1}{2}O_2(g) + 5H_2O = 2Fe(OH)_3(s) + 4H^+$	-106.8
硫的氧化作用	$\frac{1}{8}H_2S(g) + \frac{1}{4}O_2(g) = \frac{1}{8}SO_4^{2-} + \frac{1}{4}H^+$	-98.3
硝化作用(a)	$\frac{1}{6}NH_4^+ + \frac{1}{4}O_2(g) = \frac{1}{6}NO_2^- + \frac{1}{3}H^+ + \frac{1}{6}H_2O$	-45.3
硝化作用(b)	$\frac{1}{2}NO_2^- + \frac{1}{4}O_2(g) = \frac{1}{2}NO_3^-$	-37.6

表 2.5　坝址渗流系统水环境综合评价指标体系

指标		氧化环境	介于氧化与还原环境之间	还原环境
Eh/mV		$>+100$	$-100 \sim +100$	$-500 \sim -100$
pH		<6	$6 \sim 8$	>8
溶解气体 /(mg/L)	O_2	$>2 \sim 3$	<2	未检出
	H_2S	未检出	<10	$10 \sim 2000$
相关元素 /(mg/L)	Fe^{2+}	无或痕量	<25	$25 \sim 200$
	Fe^{3+}	$0.1 \sim 30$	<25	无或痕量
	Mn^{2+}	未检出	<1.0	$1.0 \sim 75.0$
	NH_4^+	无或痕量	<2.0	$2.0 \sim 500$
代表性矿物		赤铁矿、重金属盐类、重晶石、硝石、海绿石、针铁矿、含水针铁矿等	磷绿泥石、绿泥石、蓝铁矿	黄铁矿、白铁矿、Mo、U、Bi 等重金属的硫化物

　　蓄水条件下,尽管坝址地下水系统是向着还原环境演变的,但在区内不同部位间是有差异的,此源于影响因素的差异性。

　　在河床坝段部位,若以坝前库底水(指大中型水库)作为主要的补给源且存在相对密切的水力联系时,相应部位地下水的 Eh 值不同于相邻的其他部位,而接近补给源。安徽陈村水电站坝基河床部位幕后一排水孔(G10-4)位地下水动态呈现的异常可归纳为：一方面，该孔位常年有水溢出，且流量与上游库水位之间具有密切的相关性；另一方面，经水质化验，该孔位地下水中的 SO_4^{2-} 含量为零，但含有一定量的 H_2S[10]。由此表明，该孔位水质的形成作用中还具有如下作用：

$$SO_4^{2-} + 2C + 2H_2O \longrightarrow H_2S + 2HCO_3^- \tag{2.26}$$

此为还原环境下且含水介质中存在有机质时发生的脱硫酸作用所致，与之相对应的 Eh 值一般在 $-200 \sim -300mV$。

而在岸坡坝段部位，当由大气降水补给的岸坡浅层地下水作为相邻坝段渗流水的补给源，且含水介质中存在有机质时，可发生如下反应：

$$CH_2O + O_2 \longrightarrow CO_2 + H_2O \tag{2.27}$$

新安江水电站右岸部分坝段（2♯ ～5♯）有关排水孔位地下水中的溶解状 CO_2 含量一段时期在 $15.18 \sim 27.72mg/L$，而明显高于坝前库底水。究其成因，认为与基础岩体所夹碳质页岩层中有机质的氧化有关[11]，如式（2.27）所示。据了解，该水电站在对右坝肩缆机平台做了混凝土水平防渗并辅以地表排水系统之后，上述部位渗流水中的溶解状气体含量呈明显的减少。

需要指出的是，上述两个反应均是在相应细菌（或微生物）的参与下进行的。

2.1.4　其他作用

当然，在坝址渗流水化学的形成中除了上述作用，还可能存在其他一些作用。例如，当坝基地质体为多孔介质（如河床深厚覆盖层）且具有较大的比表面积时，发生于液-固相之间的离子吸附交换作用也就成为区内水质重要的形成作用之一。

2.2　水化学的影响因素

如第 1 章所述，坝址渗流水溶液的组成具有多组分和多种存在形式，因而不同元素有着不同的迁移能力，并受到多因素的影响。这些因素可分为微观和宏观两个方面。微观包括以下方面：①与元素进入水溶液发生迁移之前的存在形式有关。若元素以吸附态存在于固相介质表面，则易进入水溶液而发生迁移；而已进入固相介质内部（如晶格内部）的元素则难迁移。若元素以离子键或分子键化合物出现，则容易发生迁移；而以共价键或金属键化合物出现的元素则难迁移。②与元素本身的地球化学性质有关。例如，离子的电价、半径等，决定了元素结合或化合物的化学键性，对于控制元素的迁移形式及其稳定性均有重要的影响。

后者则来自体系及环境的，这里认为至少包括如下三个方面，由此控制着体系的物理化学强度参数的空间变化（浓度差、压力差、温度差等）以及环境的 pH、Eh 值等。

2.2.1　水动力因素

应该说,在其他方面(如补给源、岩性及 Redox 等)相同或相似的条件下,坝址流场内不同部位间水质的差异性主要与水动力因素有关。例如,在坝踵帷幕体后某部位若与补给源(如库水)之间存在较通畅的渗流通道,意味着该部位水体在系统中滞留的时间比较短,即同与之相接触的固相介质之间相互作用的时间比较短促,以致水溶液中出现的相关组分浓度要低于有关矿物溶解度的建议值,即在很大限度上保留了作为该水体补给源的水质特征。而同样在坝踵帷幕体后,另一部位若与补给源之间的水力联系较弱,意味着该部位水体在系统中滞留的时间较长,即同与之相接触的固相介质之间相互作用的时间比较充分,水溶液中出现的相关组分的浓度接近甚至超过有关矿物溶解度的建议值,从而形成了显著有别于补给源的水化学特征,即呈相对显著的矿化。

可应用基于化学热力学的基本原理建立的饱和指数(saturation index,SI)模型,定量反映区内地下水溶液与某种矿物(在坝址水环境下,一般指碳酸盐类)之间的反应状态,据此可以从一个侧面反映相应部位的水动力条件以及帷幕体的防渗效果和时效。

2.2.2　微生物因素

由于自然界中不同环境下各种微生物存在的广泛性,此对水质的形成及演变所产生的影响也具有普遍性。事实上,坝址渗流系统中一些化学反应的发生多与细菌有关,如式(2.26)正是在厌氧细菌(如 *Desulfotomaculum*)的参与下发生的,而式(2.27)则在好氧细菌的参与下进行。

在细菌的参与下,有机质的氧化过程中还可形成 NO_3^- 等组分,有关反应式[12]为

$$CH_{2.48}O_{1.04}N_{0.151}P_{0.0094} + 1.3O_2 + H_2O \longrightarrow \tag{2.28}$$
$$HCO_3^- + 0.151NO_3^- + 0.0094HPO_4^{2-} + 1.15H_2O + 1.17H^+$$

在上述有机质的氧化过程中,溶解氧被不断的消耗,以致在一定阶段可发生反硝化作用,即 NO_3^- 被还原为 NO_2^-,甚至为 N_2。有关反应过程分别为

$$NO_3^- + 0.5CH_2O \longrightarrow NO_2^- + 0.5H_2O + 0.5CO_2 \tag{2.29}$$
$$0.20NO_3^- + 0.25CH_2O + 0.25H^+ \longrightarrow 0.10N_2 + 0.35H_2O + 0.25CO_2 \tag{2.30}$$

式(2.29)反应是在溶解氧(DO)被消耗之后在 *Aeromonas* 一类细菌的参与下发生的;而式(2.30)反应则是在含硫杆菌(*Thiobacillus*)一类细菌的参与下进行的。与之相对应,Eh 值一般在 $0 \sim -100\text{mV}$。可见,微生物是地下水系统中氧化还原反应发生的重要媒介。

坝址地下水中的微生物通常有以下两类[13]:一类为化能异养型细菌,其生存

需要有机养料;另一类则为化能自养型细菌,从氧化无机物过程中获得能量。坝前库底水中有机物相对富集,为上述第一类细菌的繁殖提供了养料,由此产生的对于大坝混凝土的腐蚀作用体现在以下方面:由细菌分解有机质而产生酸使水具有的酸性(pH<6.50)侵蚀性以及细菌类微生物在生长与死亡后所产生的有机酸(如草酸、乳酸和葡萄糖酸等)的腐蚀作用,可导致相应部位混凝土壁面粗糙、疏松易剥落。因此,当发现由无机化验表明渗漏水不具有侵蚀性,但相应部位混凝土仍有受到腐蚀的迹象时,应进行微生物化验,以进一步寻找成因。但现有规范没有对由生物化学作用产生的对混凝土大坝的腐蚀问题提出具体的评价指标,还有待研究。

2.2.3　人类活动因素

如前所述,坝址渗流水化学明显不同于纯天然条件下,由此从一个侧面反映了人类活动因素的显著影响。按照来源,此类影响因素可分为内部和外部两种。内部因素指坝址渗流场内诸如帷幕体一类基础工程对渗流水化学产生的间接和直接的影响,如基础帷幕体对于渗流场的影响以及其中可溶性物质的溶出等;外部因素指来自环境,如库水水质由于人类活动而受到污染,从而影响到坝址渗流水质的形成及演变。人们已经注意到前一种影响,但对于后一种影响所产生的效应,如对坝址流场内水-岩-坝三者间相互作用的影响还很少关注。

事实上,自大坝建成、水库蓄水之后,一方面,所在流域内诸如工农业生产一类活动还是普遍存在的,且随经济的发展多呈加剧之势;另一方面,库水流速较建库前明显减小,以致污染物扩散系数大大降低。这样,流域内若仍有污染物排入水库,则极易造成库水水质的恶化。如灌溉时使用的化肥以及没有经过处理而直接排入水库的污水,则导致库水中氮、磷一类元素含量的显著增加,即库水受到了 NH_4^+、NO_2^-、NO_3^-、PO_4^{2-} 等组分的污染。

表 2.6 为两座水库库水的部分水化学指标统计,从一个侧面反映了库水水体受到的污染程度及其趋势。根据对 Tahtah 库水水样的无机及有机化验结果,认为库水中 $NH_3 - N$ 有两个来源[14]:一是水库所在流域农业施用的氮肥 $(NH_4)_2SO_4$;二是未经处理而直接排入水库的污水。对于前者,在溶解氧的参与下,发生氮的硝化作用:

$$2O_2 + NH_4^+ = NO_3^- + 2H^+ + H_2O \qquad (2.31)$$

另外,由表 2.6 可知,我国万安溪水库库水中的 NH_4^+ 含量与土耳其 Tahtah 水库相当,且呈相似的趋势。由此认为,该水库所在流域在分析时段内也存在相似的污染源。

表 2.6　国内外两座水库库水的部分水化学指标统计　（单位：mg/L）

土耳其 Tahtah 水库				中国万安溪水库*		
指标	1996 年	1998 年	2000 年	指标	2007 年	2009 年
NO_3^-	12.01	16.21	16.65	NH_4^+	0.11	0.13
NO_2^-	0.26	0.32	0.50	DO	4.80	3.90
NH_4^+	0.10	0.14	0.17			
DO	6.60	5.30	4.60			

*具体的取样化验时期为非汛期。

　　显然，上述人类活动因素一方面增大了库水中氮类营养元素的含量，另一方面，减少了溶解氧的含量，促使厌氧型水环境的形成以及藻类的生长，从而导致水质恶化。值得关注的是，作为坝址地下水的主要补给源——库水水质的上述变化，可在一定程度上加剧区内液-固相系列间的地球化学作用。例如，式（2.31）所示的反应可能产生水的酸性侵蚀（pH＜6.50）作用；又如，补给源中相对高含量的 NH_3—N 促使流场内固相介质中较多的物质通过氧化作用进入水溶液中，影响水质的形成及演变。

　　按照成因，可进行坝址渗流水化学演变的分类探讨。同补给源相比较，可分为两类：一类是含量趋于增大的，另一类则趋于减小；多数情形下是趋于增大的。其大致的成因见表 2.7，而水库库水的主要水化学指标及成因见表 2.8。

表 2.7　坝址地下水水质变化的成因分类

组分	同补给源相比较	
	趋于增大的大致成因	趋于减小的大致成因
pH	①碳酸盐类矿物的溶解；②帷幕中水泥结石的溶蚀，若 pH＞9.0	①需氧微生物及厌氧微生物的生物作用，当溶解氧（DO）及有机碳（OC）含量降低时；②地质体中有机质或硫化物类矿物的氧化，而就水的酸化程度而言，由硫化物（如黄铁矿）所致的通常要显著于有机质
Ca^{2+}	①碳酸盐类矿物的溶解；②石膏或硬石膏的溶解，若 SO_4^{2-} 含量也趋于增大；③钙长石类矿物的不全等溶解作用；④帷幕中水泥结石的溶蚀	离子的交换作用，当基础地质体为深厚覆盖层且水溶液中 Na^+ 的含量趋于增大
Mg^{2+}	①白云石矿物的溶解；②含镁硅酸盐矿物的不全等溶解作用；③与高浓度地下水发生混合作用	与低浓度地下水发生稀释作用
Na^+	①液-固相间的离子交换作用；②岩盐类矿物的溶解；③与高浓度地下水发生混合作用；④钠长石类矿物的不全等溶解作用	离子的交换作用，当地质体为深厚覆盖层且水溶液中 Ca^{2+} 的含量趋于增大

续表

组分	同补给源相比较	
	趋于增大的大致成因	趋于减小的大致成因
K^+	①钾盐类矿物的溶解；②钾长石类矿物的不全等溶解作用	与低浓度地下水发生稀释作用
Cl^-	①岩盐类矿物的溶解；②与高浓度地下水发生混合作用	与低浓度地下水发生稀释作用
SO_4^{2-}	①石膏或硬石膏的溶解；②硫化物(如黄铁矿等)矿物的氧化作用	①还原环境下的脱硫酸作用，多伴有一定量的溶解状 H_2S；②与低浓度地下水发生稀释作用
HCO_3^-，CO_3^{2-}	①碳酸盐类矿物的溶解作用；②硅酸盐类矿物的不全等溶解作用；③帷幕中水泥结石的溶蚀，当 $pH > 9.0$	一般不大可能
$Si(OH)_4$	硅酸盐类矿物的不全等溶解作用	与低浓度地下水发生稀释作用
Fe，Mn	需氧微生物的生物作用	与水环境的迅速变化有关，如由还原环境显著转变为氧化环境时
Al	铝硅酸盐类矿物的不全等溶解作用	吸附作用
OC	一般不大可能	需氧微生物及厌氧微生物的生物作用
DO	一般不大可能	需氧微生物的生物作用

表 2.8　水库库水的部分水化学指标及其主要成因

化学指标	主要来源
Na^+	①岩盐类矿物的溶解；②钠长石类矿物的风化；③大气降水与气溶胶
K^+	①云母与钾长石类矿物的风化；②农业施肥；③大气降水与气溶胶
Ca^{2+}	①碳酸盐类矿物的溶解；②斜长石类矿物的风化
Mg^{2+}	①碳酸盐矿物(如白云石)的溶解；②基性、超基性矿物的风化
HCO_3^-	①碳酸盐类矿物的溶解；②部分硅酸盐类矿物的风化；③非饱和带中有机质的降价(或氧化)；④大气中 CO_2 的溶解
Cl^-	①岩盐类矿物的溶解；②未经处理污水的排入
SO_4^{2-}	①硫酸盐类矿物的溶解；②硫化物的氧化；③污染物(如化肥、农药与废水等)的排放；④大气降水与气溶胶
$Si(OH)_4$	①硅酸盐类矿物的风化；②冶炼矿渣的淋滤、溶解，如库区所在流域存在采矿区
N	①施用化肥与农药；②大气干/湿沉降；③气体的溶解
P	①磷酸盐类矿物的风化；②施用化肥与生活排污；③矿物冶炼；④大气干/湿沉降

第3章 渗流水化学分析

定期开展坝址渗流水质的取样及化验工作,可获得一系列水化学资料,这些水化学资料隐含着有关区内特定环境下液-固相系列(包括岩石及工程材料等)间物理-化学作用极为丰富的信息;采用有效的分析方法是获取此类信息的重要途径。

本章主要介绍实际工作中常用的水化学资料分析方法,包括定性分析方法和定量分析方法。定性分析方法主要包括列表法和图示法;定量分析方法则包括多元统计分析方法,以及基于化学热力学基本原理的饱和指数模型及其数值求解方法。最后,还对坝址渗流水的侵蚀(或腐蚀)作用问题、坝基帷幕体防渗耐久性有关的析钙问题,以及混凝土腐蚀综合测试与评价等问题进行探讨。

3.1 水化学分析数据的列表方法

水质化验结果的表示方法通常有两种:一种是列表法,具有原始性;另一种是图示法,具有直观性。后一种方法还可分为单测点水质分析数据的图示、多测点水质分析数据的综合图示以及多测点水化学综合指标的统计图示等方法。水化学分析结果的不同表示方法,各有用途,可起到互补的作用。

最原始的水化学分析结果一般以相对固定的表格报告形式来表示。表格内容包括水样编号、水样类别、日期、取样位置、物理性质、离子含量以及其他指标等。物理性质通常包括水温、气温、透明度、颜色、气味及口味等,从一个侧面反映水质特征;其他指标则包括总硬度、永久硬度、暂时硬度,溶解状气体,TDS 及 pH 等。有关阴、阳离子含量习惯上一般以每升毫克数、毫克当量数以及毫克当量百分数表示,但国际上多以每升微克数(μg/L)、每升毫克数(mg/L)、每升克数(g/L)、每升毫摩尔数(mmol/L)或每升摩尔数(mol/L)表示,也有以 ppb、ppm 或 ppt 表示的。由于水溶液中有关组分间的化学反应是按摩尔比例进行的,因此在化学热力学计算时通常使用摩尔数或毫摩尔数。上述有关计量单位之间的换算关系如下:

$$\text{mol/L} \times \text{摩尔质量(g/mol)} \times 1000\text{mg/g} = \text{mg/L}$$
$$\text{meq/L} \times \text{离子当量(g/meq)} \times 1000\text{mg/g} = \text{mg/L}$$
$$\text{ppt} = \text{g(溶质)}/10^3\text{g(溶液)} = \text{g/kg} \approx \text{g/L}$$
$$\text{ppm} = \text{mg(溶质)}/10^6\text{mg(溶液)} = \text{mg/kg} \approx \text{mg/L}$$

$$ppb＝\mu g(溶质)/10^9\mu g(溶液)＝\mu g/kg \approx \mu g/L$$

由此可见,在数值上,1ppt 相当于 1000g 水中含某离子的克数,1ppm 相当于 1000g 水中含某离子的毫克数,1ppb 相当于 1000g 水中含某离子的微克数;当水的相对密度为 1 时(如稀溶液,TDS<1g/L),1ppt＝1g/L,1ppm＝1mg/L,1ppb＝1μg/L。若以离子的摩尔数(或毫摩尔数)、毫克当量数来表示浓度,则可以检查水质化验结果的可靠性。

在实际工作中,有时也可以以假分式的形式表示水化学分析结果,如库尔洛夫表达式等。该表达式中,分子表示阴离子,分母表示阳离子;按毫克当量百分比递减的次序自左向右将有关离子依次列出,而相对含量小于 10% 的离子则不表示;在分数的前面依次表示特殊组分(如溶解状气体等,g/L)及 TDS 值(g/L);而分数的后面则表示水温($^{\circ}t$)及其他(如水样点的涌水量 q,L/s)。例如,取自某地温泉的水样,由化验结果得到如下表达式:

$$H^2S_{0.021}CO^2_{0.011}TDS_{32.7}\frac{Cl_{84.76}SO^4_{14.34}}{Na_{71.63}Ca^2_{27.73}}t^{\circ}40q_{0.26}$$

3.2　水化学分析数据的图示方法

图示法是开展水化学研究的另一有效手段,可直观地反映区内水质特征,因而得到广泛的应用。在实际工作中,可将水化学图示法与聚类分析、因子分析等多元统计分析方法相结合,有助于探讨水质的形成机理;与具体的地质、水文地质条件相结合,则有助于揭示渗流系统沿补给、径流、排泄等方向水质发生的演变;而根据多测点、多批次的水质化验资料,综合采用多种水化学图示法,有助于评价坝基帷幕体的防渗有效性及差异性。

水化学图示方法可分为四类:单测点及多测点图示,水化学指标变化趋势及水化学指标特征值图示。

3.2.1　单测点图示

进行水质化验的项目有多种,通常包括各种离子含量、溶解状气体含量以及水质的综合指标,如 pH、TDS 等。其中,Na^+($Na^+＋K^+$)、Ca^{2+}、Mg^{2+} 等阳离子以及 HCO_3^-($HCO_3^-＋CO_3^{2-}$)、SO_4^{2-}、Cl^- 等阴离子是地下水中存在的六种主要离子形式,也是进行水质化验的最基本项目。可用多种图示方法加以表示,包括饼图、多边形图、径向图以及柱形图等。

1)饼图

饼图又称圆形图示法。该图示方法以整个圆代表某测点水样所含的离子组分,以总的物质的量表示,并按各个离子含量的相对大小将该圆分割成若干个扇形,以各个扇形所占面积的相对大小来直观地表示对应离子含量所占的比例。

在绘制饼图时,首先需要将已知各离子的浓度(mg/L)换算成物质的量浓度(mmol/L),通过累加可得到总的物质的量浓度;然后计算各离子所占的比例,并在圆中以相应比例的扇形表示。按照电中性理论,某水样中阴、阳离子各自的物质的量浓度之和应相等,即各占50%。因此,在饼图中反映为阴、阳离子各占半个圆的面积,如图3.1所示。

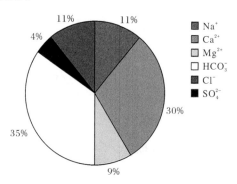

图 3.1 某测点水化学分析数据的饼图图示

2) 多边形图

多边形图示方法以多边形图来显示某测点水样中主要阴、阳离子的含量及其之间的比例关系[15]。该图中,阳离子位于图的左侧,而阴离子位于右侧,表示刻度的坐标轴则位于图的下方,其单位为 mg/L 或 mmol/L 等。在成图时,可根据下面的刻度标尺,将离子的具体浓度标示在对应离子位置,然后将各点位依次连接为一多边形即可。

根据其最大刻度值选取标准的不同,可以将上述多边形图示法分为传统的多边形图示法和改变比例的多边形图示法[16],分别如图3.2和图3.3所示。前者的最大刻度值为一固定的数值,而后者的最大刻度值则由水样中含量最大的离子浓度来确定。采用后一种方法,可仅用该多边形图的形状的变化(而不必考虑该图形的大小)来反映同一测点于不同时期(如不同季节)水溶液中不同离子浓度的含量变化及其相对的比例关系,因而更有助于揭示所隐含的信息。

3) 径向图

径向图示法通过一系列同心圆来表示各离子浓度,以不同的径向代表不同的离子,而半径的长度则代表了离子浓度的数值,如图3.4所示。此类图示法不仅可以像多边形图示法那样表示各种离子的浓度,而且当检测的离子种类较多时,只需要增加不同的径向即可,而不会使图形变大。

4) 柱形图

柱形图也称柯林柱状图。柱形图含有两条柱形,位于左面的柱形用于表示阳

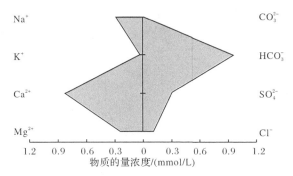

图 3.2　某测点水化学分析数据的传统的多边形图示

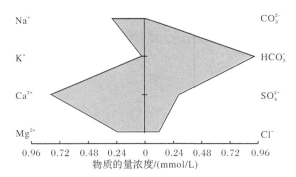

图 3.3　某测点水化学分析数据的改变比例的多边形图示

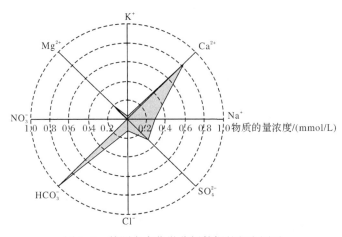

图 3.4　某测点水化学分析数据的径向图示

离子(包括 $Na^+ + K^+$、Ca^{2+}、Mg^{2+} 等)总的物质的量浓度,而右面的柱形则表示阴离子(包括 Cl^-、SO_4^{2-}、HCO_3^- 等)总的物质的量浓度。每一条柱形又可分为数个不同的子柱形,代表不同的离子种类,其高度与对应离子含量成正比,如图 3.5(a)所示。此外,该柱形图示法的坐标还可以用毫克当量百分数来表示,如图 3.5(b)所示。

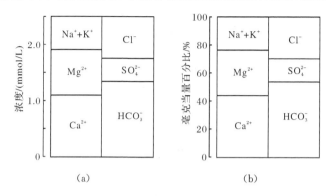

图 3.5　某测点水化学分析数据的柱形图示

3.2.2　多测点图示

在坝址渗流水化学分析中,所采集的水样往往来自多批、多测点。对于如此众多的水样,不仅需要分析单个测点的水化学特征,有时更需要关注坝址渗流场内多测点的水化学特征及其时空变化趋势。在实际工作中,可以用多种方法将此类多测点水化学分析数据加以综合图示,其中常用的包括以下几种。

1) Ternary 图

由一个三角形构成,用以表示多测点水溶液中各阳(阴)离子占阳(阴)离子总浓度的百分比。在表示阳离子的 Ternary 图中,以三角形的三条边及与之平行的刻度线,分别表示 $Na^+(Na^+ + K^+)$、Ca^{2+}、Mg^{2+} 占阳离子总浓度的百分比含量。其中,三角形顶点位置表示该处所代表的离子浓度的百分比含量为 100%,其相对边线处的百分比含量为 0%,其间平行线代表对应的刻度值(介于 0%～100%)。计算出水样中各阳离子的百分比含量后,即可找到 Ternary 图中与之相对应的位置,如图 3.6 所示。而反映区内多测点水样中主要阴离子(Cl^-、SO_4^{2-}、HCO_3^-)的含量分布图示以及成图过程类似于图 3.6。

2) Piper 三线图

Piper 三线图是由两个三角形以及一个位于其上的菱形组成。左下角三角形的三条边线分别代表阳离子 $Na^+ + K^+$、Ca^{2+} 及 Mg^{2+} 的浓度百分数,右下角的三角形表示阴离子 Cl^-、SO_4^{2-} 及 $HCO_3^- + CO_3^{2-}$ 的浓度百分数;而菱形的四条边可分为彼此相对的两组,分别表示 $Na^+ + K^+$、$Ca^{2+} + Mg^{2+}$ 以及 $Cl^- + SO_4^{2-}$、$HCO_3^- + CO_3^{2-}$ 这四组离子的浓度百分数。这样,根据任一水样的阴、阳离子的相对含量可分别在这两个三角形中以图形标记表示,从该标记点作引线(平行于该三线图

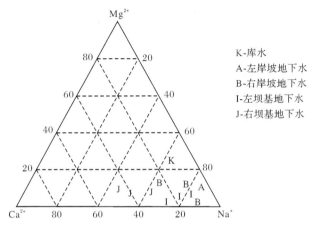

图 3.6 某坝址多测点水样中阳离子含量的 Ternary 图示(单位:mmol/L,%)

的外侧边线)延伸至菱形图中,可得到一交点;同样,可根据区内多个测点位不同的水化学分析数据,得到多个交点,如图 3.7 所示。由此可从这些交点在菱形图中的分布位置,大致地判定区内水样的总体水化学特征。显然,若坝址渗流系统的补给、径流、排泄条件已知,那么可根据上述三线图所反映的水化学信息判定区内水质沿此方向的演变趋势。

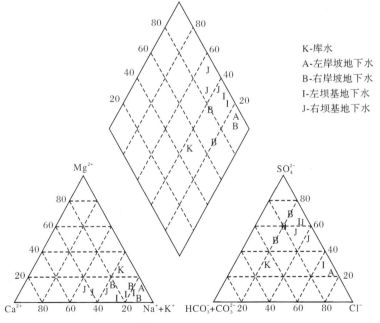

图 3.7 某坝址多测点水化学分析数据的 Piper 三线图示(单位:mmol/L,%)

　　在实际工作中,可对上述三线图中的菱形图做进一步分解,如图 3.8 所示。而由水文地球化学的基本知识可知,图 3.8 中的不同亚区具有如下水化学标志:对于 1 区,碱土金属离子浓度超过碱金属离子;对于 2 区,碱浓度大于碱土;对于 3 区,弱酸根浓度超过强酸根;对于 4 区,强酸浓度大于弱酸;对于 5 区,碳酸盐硬度超过 50%;对于 6 区,非碳酸盐硬度超过 50%;对于 7 区,以碱及强酸为主;对于 8 区,以碱土及弱酸为主;而对于 9 区,则有任一对阴、阳离子浓度均不超过 50%。

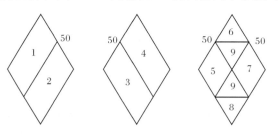

图 3.8　Piper 三线图解分区

　　由上述分析可知,Piper 三线图可以反映较多的水化学信息:一方面可由位于下侧的三角形图显示多测点水样中主要离子的相对含量;另一方面,可由位于上侧的菱形图显示多个水样的基本水化学特征。但该图示法也有不足之处,如无法将菱形中的子区域(图 3.8)与水化学分类对应起来。因此,Durov 在 Piper 三线图的基础上进行了修改,推出了 Durov 图。

　　3) Durov 图

　　由一个正方形以及位于相邻两条边上的两个三角形构成。左面的三角形表示阳离子 $Na^+ + K^+$、Ca^{2+} 和 Mg^{2+} 的摩尔分数,上面的三角形则表示阴离子 Cl^-、SO_4^{2-} 及 HCO_3^- 的摩尔分数,分别从两个三角形中对应的水样标记点处向正方形中引线(分别平行于正方形的边),可得交点,如图 3.9 所示。

　　将 Durov 图中的正方形按图 3.10 分为 A、B、C 三个纵列以及 a、b、c 三个横行:纵列 A 区域表示阴离子中 HCO_3^- 为主要存在形式;纵列 B 表示落在该区域的水样中阴离子以 SO_4^{2-} 居多,或三种阴离子浓度相当;纵列 C 中则以 Cl^- 为主要的阴离子。横行与纵列类似:横行 a 区域表示阳离子中 $Na^+ + K^+$ 为主要存在形式;横行 b 表示落在该区域的水样中阳离子以 Mg^{2+} 居多,或各类阳离子浓度相当;横行 c 中则以 Ca^{2+} 为主要的阳离子。这样,不仅可以将正方形中的子区域与前述的舒卡列夫分类近似对应起来,还可以通过此图反映区内水质的演变趋势。

　　为了在 Durov 图中表示一些其他的水质指标,如 TDS、pH 等,可对 Durov 图进行扩展,如图 3.11 所示。

　　4) 矩形图

　　矩形图是在 Piper 三线图和 Durov 图的基础上加以改进,可将水化学分类直

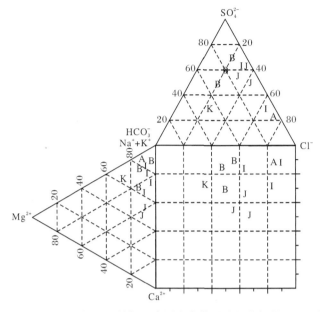

K-库水
A-左岸坡地下水
B-右岸坡地下水
I-左坝基地下水
J-右坝基地下水

图 3.9　某坝址多测点水化学分析数据的 Durov 图示

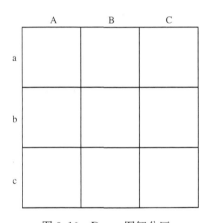

图 3.10　Durov 图解分区

接显示于矩形区域中的一种图示方法[17]，如图 3.12 所示。以 $c(Ca^{2+}+Mg^{2+})-c(Na^+)$ 为 X 轴，$c(HCO_3^-)-c(SO_4^{2-}+Cl^-)$ 为 Y 轴（c 为该离子占阴/阳离子摩尔分数），并在刻度值为 −100 及 100 处围成矩形。该图中，各阳离子、阴离子的摩尔分数与 X、Y 轴刻度间的对应关系见表 3.1。

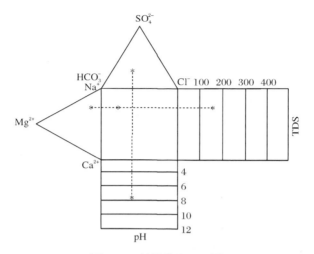

图 3.11 扩展的 Durov 图

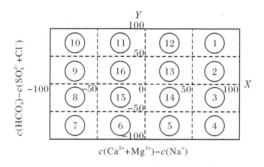

图 3.12 矩形水化学图(单位:%)

表 3.1 离子相对浓度与坐标轴刻度的关系

$c(Ca^{2+}+Mg^{2+})/\%$	$c(Na^+)/\%$	X 轴	$c(HCO_3^-)/\%$	$c(SO_4^{2-}+Cl^-)/\%$	Y 轴
100	0	100	100	0	100
75	25	50	75	25	50
50	50	0	50	50	50
25	75	−50	25	75	−50
0	100	−100	0	100	−100

　　图 3.12 中 16 个子区域可以构成 9 个亚区域,每个亚区域对应一种或两种水化学类型[18]。

　　亚区域 1(包括子区域 1)表示:$c(Ca^{2+}+Mg^{2+})>c(Na^+)$ 和 $c(HCO_3^-)>c(SO_4^{2-}+Cl^-)$,并且 $c(Na^+)$ 和 $c(SO_4^{2-}+Cl^-)$ 都小于 25%,此区内水化学类型为

HCO$_3$-Ca · Mg 型,具有暂时硬度。

亚区域 2(包括子区域 2、3)表示:$c(Ca^{2+} + Mg^{2+}) > c(Na^+)$,25% $\leqslant c(SO_4^{2-} +$ Cl$^-$) $\leqslant$ 75%,且 $c(Na^+) <$ 25%,此区内水化学类型为 HCO$_3$ · SO$_4$ · Cl-Ca · Mg 型或 SO$_4$ · HCO$_3$-Ca · Mg 型。

亚区域 3(包括子区域 4)表示:$c(Ca^{2+} + Mg^{2+}) > c(Na^+)$ 和 $c(HCO_3^-) <$ $c(SO_4^{2-} + Cl^-)$,且 $c(Na^+)$ 和 $c(HCO_3^-)$ 都小于 25%,此区内水化学类型为 SO$_4$ · Cl-Ca · Mg 型,具有永久硬度。

亚区域 4(包括子区域 5、6)表示:$c(HCO_3^-) < c(SO_4^{2-} + Cl^-)$,且 $c(SO_4^{2-} +$ Cl$^-$) > 75%、25% $\leqslant c(Na^+) \leqslant$ 75%,此区内水化学类型为 SO$_4$ · Cl-Ca · Mg · Na 型或 SO$_4$ · Cl-Na · Ca · Mg 型。

亚区域 5(包括子区域 7)表示:$c(Ca^{2+} + Mg^{2+}) < c(Na^+)$ 和 $c(HCO_3^-) <$ $c(SO_4^{2-} + Cl^-)$,且 $c(Ca^{2+} + Mg^{2+})$ 和 $c(HCO_3^-)$ 都小于 25%,此区内水化学类型为 SO$_4$ · Cl-Na 型。

亚区域 6(包括子区域 8、9)表示:$c(Ca^{2+} + Mg^{2+}) < c(Na^+)$,并且 $c(Na^+) >$ 75%、25% $\leqslant c(SO_4^{2-} + Cl^-) \leqslant$ 75%,此区内水化学类型为 HCO$_3$ · SO$_4$ · Cl-Na 型或 SO$_4$ · Cl · HCO$_3$-Na 型。

亚区域 7(包括子区域 10)表示:$c(Ca^{2+} + Mg^{2+}) < c(Na^+)$ 和 $c(HCO_3^-) >$ $c(SO_4^{2-} + Cl^-)$,且 $c(Ca^{2+} + Mg^{2+})$ 和 $c(SO_4^{2-} + Cl^-)$ 皆小于 25%,此区内水化学类型为 HCO$_3$-Na 型。

亚区域 8(包括子区域 11、12)表示:$c(HCO_3^-) > c(SO_4^{2-} + Cl^-)$,且 25% $\leqslant$ $c(Na^+) \leqslant$ 75%、$c(HCO_3^-) >$ 75%,此区内水化学类型为 HCO$_3$-Ca · Mg · Na 型或 HCO$_3$-Na · Ca · Mg 型。

亚区域 9(包括子区域 13~16)表示:各种离子的组分含量大小不一,水化学类型呈多样化。对此,需要做进一步分析。

3.2.3　变化趋势图示

1. 空间序列图

坝址环境水水样往往取自不同的位置,如不同深处库水、沿坝轴线不同坝段幕后地下水等。为反映水质指标的空间变化,可以绘制空间序列图,此类图又可以分为如下两类。

1)深度剖面图

深度剖面图可用于反映水质某一指标随深度的变化趋势,如图 3.13 所示。由图可知,某水电站坝前库水的 pH 与水深之间呈非线性变化,即在水深 20~40m 的 pH 呈相对显著的降低,而在水深 40~80m pH 的变化比较小。

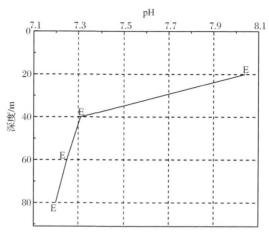

图 3.13　某水电站库水 pH 随深度变化曲线

2) 沿坝轴线分布图

根据不同坝段幕后不同测点的某个或多个水质指标,绘制其沿坝轴线的分布断面图,由此可从一个方面反映上游侧坝踵帷幕体的防渗效果及差异性。图 3.14 为某坝址幕后不同测点地下水(来自沿坝轴线布置的排水孔)中 Ca^{2+} 的浓度变化曲线,直观地显示在 15-4 测点位该离子的含量明显低于其他测点,而相对接近于同期的坝前库水。由此反映,位于该测点位的帷幕体的防渗性能要弱于其他部位。

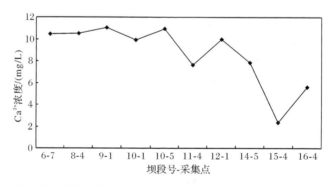

图 3.14　某坝址幕后地下水中 Ca^{2+} 浓度沿坝轴线的分布曲线

2. 时间序列图

定期(如汛期与非汛期,或按季节)地开展坝址渗流水的取样以及检测工作,可获得水化学资料的时间系列,据此可绘制时间系列图。

在实际工作中,可根据由此反映的某个或多个水质指标随时间的变化趋势,判

定该测点相邻部位帷幕体的防渗性能是否发生了衰减。显然,若由类似于图 3.15
和图 3.16 反映的某水质指标(如 TDS)随时间的变化保持了相对的平稳,而无明
显的趋势性,则表明与该测点相邻部位帷幕体的防渗性能是稳定的;反之,若该水
质指标值随时间呈现某种趋势性变化,如逐渐接近于补给源的水质,则表明与该
测点相邻部位帷幕体的防渗性能是非稳定的,即有衰减的趋势。

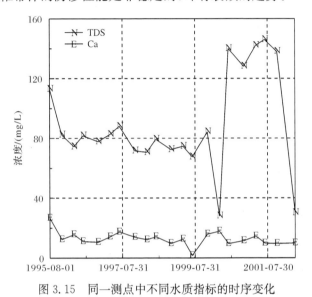

图 3.15　同一测点中不同水质指标的时序变化

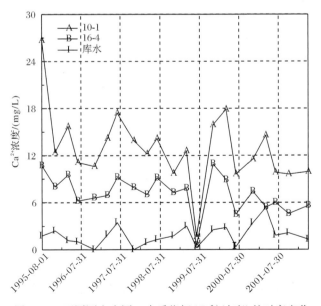

图 3.16　不同测点中同一水质指标(Ca^{2+} 浓度)的时序变化

3. 散点图

散点图是水化学分析中一种常用的图示方法,可以直观地显示不同水质指标之间的聚散状况;若在散点图中添加一趋势线,则有助于揭示不同水质指标之间内在的关联(图 3.17),因而有助于水质的成因探讨。

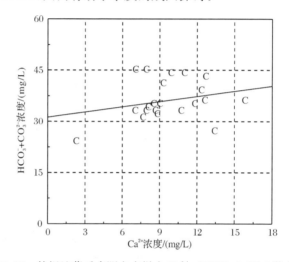

图 3.17 某坝址幕后多测点水样中 Ca^{2+}-(HCO_3+CO_3) 散点图

4. Schoeller 图

实际上,Schoeller 图也是一张坐标体系图。可把感兴趣的若干水样中的水质指标标注在横坐标上,而把这些指标的浓度(以 mmol/L 表示)标注在纵坐标上,如图 3.18 所示。据此,可在相关离子的含量变化方面进行较为直观的比较和分析。显然,此类图件可以显示同一时间、不同测点的水质变化,此为横向比较;也可以显示同一测点、不同时间的水质差异,此为纵向比较。

3.2.4 特征值图示

在实际工作中,当积累的水化学资料系列比较长时,有必要对此做一些统计分析。可用均值、最大值、最小值、频数等特征值来反映,常用的图示方法包括箱图、直方图等。

1. 箱图

箱图又称箱线图,是一种描述数据分布的图形,通过它可以观察变量的分布特征。该图中需要显示的统计量,包括变量值的中位数,第 25、75 百分位数,以及

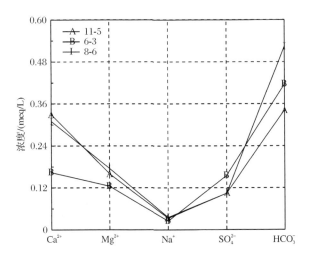

图 3.18　某坝址幕后不同测点间水质横向比较的 Schoeller 图示

最大值、最小值等。根据箱图中表示变量的不同，又可以将其分为以下两类。

1) 表示同一测点不同水质指标的箱图

此类箱图以不同的水质指标为横坐标，以浓度（单位为 mmol/L）或其对数值为纵坐标，可直观显示同一测点不同水质指标的上述特征值，如图 3.19 所示。

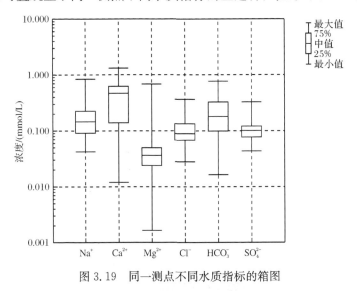

图 3.19　同一测点不同水质指标的箱图

2) 表示不同测点同一水质指标的箱图

此类箱图以不同的水样点为横坐标，以某种水质指标（如 pH）的变化范围为纵坐标，可直观显示不同测点、同一水质指标的上述特征，如图 3.20 所示。

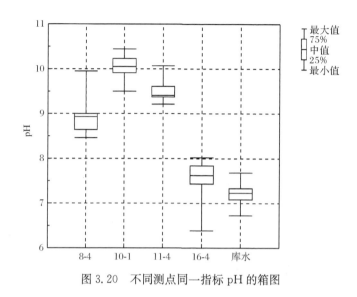

图 3.20　不同测点同一指标 pH 的箱图

2. 直方图

直方图是以一组无间隔的直方柱反映观测数据频数分布特征的统计图。绘制过程如下:首先将观测数据按一定的区间分为若干组;然后统计落入每组中的样本数目,其频数以直方柱的长短来表示;直方柱的宽度表示数据区间的范围。此类图示方法可用于判定某水质变量观测值的分布特征,即呈正态分布、似正态分布、对数正态分布或其他形态的分布,如图 3.21 所示。

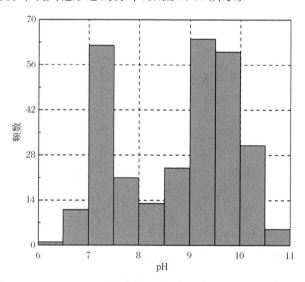

图 3.21　某测点 pH-频数分布直方图

现有的水化学检测资料一般来自多批次、多测点,因而是时间序列与空间序列的集合。在实际工作中,可采用多种水化学图示法加以组合表示。有关步骤可归纳为如下两个方面。

一方面,需要了解水质指标的一般分布特征。例如,沿某一方向(如沿坝轴线方向)的断面分布可通过 Schoeller 图(图 3.18)来反映,而沿坝址渗流系统补给、径流、排泄方向的空间分布可通过 Piper 三线图(图 3.7 和图 3.8)来反映。采用以上两种图示方法,若区内基础帷幕体存在局部防渗缺陷,则多能在图上找到与之相对应的水化学疑似异常点。

另一方面,对上述疑似异常点也需要借助其他的图示方法展开进一步分析。考虑到水化学指标中 pH(也包括 Ca^{2+}、TDS 值)的变化对于反映帷幕体的防渗性能具有明确的示踪意义,可用箱图(图 3.19 和图 3.20)以及直方图(图 3.21)来表示其特征值,以便进一步反映这些重要指标统计特征的变化。另外,为反映此类异常点水质随时间的变化,可用 Durov 图(图 3.9)或时序图(图 3.16)来显示;为反映此类异常点水质中部分指标间可能存在成因方面的关联,可用散点图(图 3.17)来显示;而为反映此类异常点水溶液各离子含量的相对变化,可用饼图(图 3.1)等来显示。有关分析流程如图 3.22 所示。

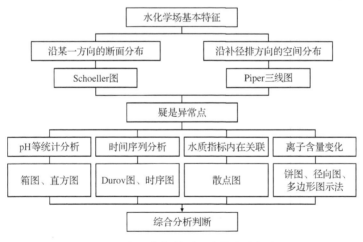

图 3.22 应用水化学图示法综合分析流程

3.3 水化学变量系列的分布特征及变换

3.3.1 系列的分布特征

对于原始的水化学变量系列进行验证,是建立模型进行数值模拟和量化分析的一项重要的前期工作。该项工作既需要对水质资料的精度进行检验,又需要对水质资料系列的分布特征进行检验[19]。

由定期地进行水质取样化验得到的资料系列,实际上是一个多变量系列。其中,每一个变量都是具有离散型分布的、统计意义上涨落的物理量,因而是一个随机变量。要完整地掌握一个随机变量,必须了解其取各种可能值的概率,即需要了解随机变量的概率分布及统计特征。Kolmogorov-Smirnov 检验(简称 K-S 检验)是关于分布函数检验的一种重要方法,其主要用途是判断抽样数据 $S_x = (x_1, x_2, \cdots, x_N)$ 的累计分布函数是否为 $P(x)$[20]。

首先由 S_x 求出累计分布:$S_N = n(x)/N$,其中,$n(x)$ 是样本 S_x 中小于 x 的抽样点个数。定义统计量 D

$$D = \max_{x \in (-\infty, \infty)} | S_N(x) - P(x) | \tag{3.1}$$

由 Kolmogorov 定理可得,若 $Z > 0$,则

$$\text{Prob}\left\{D \leqslant \frac{1}{\sqrt{N}}Z\right\} = 1 - 2\sum_{i=1}^{\infty} (-1)^{i-1} e^{-2i^2 z^2} \tag{3.2}$$

在式(3.1)中,由统计量 D 定义了用累计分布 $P(x)$ 来拟合样本 S_x 母体累计分布函数的最大距离。而由式(3.2)可计算出 S_x 的累计分布为 $P(x)$ 的显著性参数 Prob;当 Prob 很小时,表明拟合 S_x 的累计分布是不适合的。这就是 K-S 检验的基本思想。K-S 检验首先按式(3.1)求出统计量 D,但并不直接用式(3.2)来估计显著性,而是采用如下经验公式来计算显著性 Prob:

$$\text{Prob} = 2\sum_{i=1}^{\infty} (-1)^{i-1} e^{-2i^2 \lambda^2} \tag{3.3}$$

式中

$$\lambda = (\sqrt{N} + 0.12 + 0.11/\sqrt{N})D \tag{3.4}$$

K-S 检验通常适用于离散随机变量的检验,对于一些小样本变量的分布,有 χ^2 检验所不能起的作用。具体检验过程如下:首先,对原始资料进行标准化处理;然后把所有的资料以累计的形式表达;最后计算实际分布和理论分布之间的最大绝对差值。将这一绝对差值和 K-S 的理论分布临界值进行比较,若 K-S 最大绝对差值小于 K-S 的临界值,则认为理论模型是可以接受的;否则,不可以接受。

在随机分布形式的检验中,绝大多数变量原始数据服从或近似服从 0 截尾的正态分布,且拟合较好,显著水平较大。少数变量在剔除极个别离群值后服从 0 截尾的正态分布。

设随机变量有 N 个观测值:$(x_1, x_2, \cdots, x_N)$,在已知分布形式后,还必须求得特征值,才能完全清楚随机变量的分布特征[19]。

常用的统计特征量如下:

(1) 均值 $\bar{x}$(XM)。

$$\bar{x} = \frac{1}{N} \sum_{i=1}^{N} x_i \tag{3.5}$$

均值反映一批数据的集中趋势。

(2) 方差 S^2 或均方差 σ(STD)。

$$S^2 = \frac{1}{N} \sum_{i=1}^{N} (x_i - \bar{x})^2, \quad i = 1, 2, \cdots, N \tag{3.6}$$

$$\sigma = \sqrt{S^2} \tag{3.7}$$

方差或均方差的大小反映一批数据对其均值的离散程度。S^2 越大,说明数据越分散;反之,S^2 越小,则说明数据相对集中在 $\bar{x}$ 附近。

(3) 变异系数 C_v(离散系数或相对标准差)。

$$C_v = abs\left(\frac{\sigma}{\bar{x}}\right) \tag{3.8}$$

变异系数反映数据的离散程度,它可以评价数据分布的稳定性。

(4) 区间估计。

根据式(3.5)求得的值以子样的均值作为母体均值的估计量,这种估计量难免存在误差。在实际工作中,往往需要知道这些估计量的精确程度及可靠程度。区间估计就是用区间而不是用定值来估计母体参数所在的范围,并指出母体参数在区间内的概率大小。

当求得母体参数 x 的估计量 $\bar{x}$ 后,若要确定这种估计的精度,通常用式(3.9)来判定:

$$|x - \bar{x}| < \varepsilon, \quad \varepsilon > 0 \tag{3.9}$$

式中:ε 为任意给定的小正数。因此,被估计量 x 的范围为

$$\bar{x} - \varepsilon < x < \bar{x} + \varepsilon \tag{3.10}$$

显然,估计量 $\bar{x}$ 精度的确定具有随机性。因此,上述事件是随机事件,其成立的条件可用概率来表示,即

$$P\{|\bar{x} - x| < \varepsilon\} = 1 - \alpha \tag{3.11}$$

式(3.11)表明,参数 x 落在区间$(\bar{x} - \varepsilon, \bar{x} + \varepsilon)$内的概率为 $1 - \alpha$。通常称 $1 - \alpha$ 为置信概率,称 α 为信度;$(\bar{x} - \varepsilon, \bar{x} + \varepsilon)$为 x 的置信区间,$\bar{x} - \varepsilon$ 称为置信下限,$\bar{x} + \varepsilon$ 称为置信上限。一般先给定显著性水平 α,然后再求置信区间。α 的大小与所确定的区间大小有关,α 越小,置信概率就越大,求得的区间也越大;α 越大,置信概率就越小,求得的区间也越小。常用的 α 值为 0.05。

根据概率论,在大子样($n \geqslant 30$)的情况下,无论母体服从什么分布,参数 x 的子样都近似地服从标准正态分布,即有

$$P\{|x| < 1.96\} = P\left\{\bar{x} - \frac{1.96\sigma}{\sqrt{n}} \leqslant x < \bar{x} + \frac{1.96\sigma}{\sqrt{n}}\right\} = 1 - \alpha = 0.95$$

$$(3.12)$$

这就是说,用区间 $\left(\bar{x} - \dfrac{1.96\sigma}{\sqrt{n}}, \bar{x} + \dfrac{1.96\sigma}{\sqrt{n}}\right)$ 来估计 $\bar{x}$ 值,可靠度为 95%,此时可用 S 来代替 σ。但在小子样 ($n < 30$) 的情况下,参数 x 一般不服从正态分布,而是服从自由度为 $n-1$ 的 t 分布。因此,在给定显著性水平 $\alpha = 0.05$ 时,$\bar{x}$ 的置信区间为 $\left(\bar{x} - \dfrac{t_{0.05}S}{\sqrt{n}}, \bar{x} + \dfrac{t_{0.05}S}{\sqrt{n}}\right)$,其中 $t_{0.05}$ 可根据自由度 n 和显著性水平 α 的值由 t 分布表查得到。

表 3.2 和表 3.3 为某水电站正常运行期坝基部分取样点原始水质资料系列 (1990～2001 年) 的分布特征统计。由此反映,区内各水质监测点水化学分析数据的 σ、C_v 值普遍较小,表明这些部位地下水的有关宏量组分在时间系列上的分布相对平稳,波动性不大,总体上服从正态分布。

表 3.2　某水电站坝基部分取样点位水化学组分时间系列的统计特征

代表部位	统计类别	pH	阳离子浓度/(mmol/L)			阴离子浓度/(mmol/L)				侵蚀 CO_2 含量/(mmol/L)
			$Na^+ + K^+$	Ca^{2+}	Mg^{2+}	SO_4^{2-}	HCO_3^-	CO_3^{2-}	Cl^-	
灌 2-3	$\bar{X}$	6.870	0.209	0.336	0.155	0.072	0.976	—	0.071	0.377
	σ	0.596	0.0886	0.0850	0.043	0.039	0.216	—	0.020	0.141
	C_v	0.087	0.423	0.253	0.276	0.536	0.222	—	0.285	0.374
	分布	似正态	正态	正态	正态	正态	正态	—	正态	正态
灌 3-2	$\bar{X}$	6.410	0.219	0.176	0.078	0.061	0.568	—	0.065	0.750
	σ	0.549	0.111	0.0564	0.027	0.042	0.132	—	0.018	0.196
	C_v	0.086	0.508	0.320	0.345	0.698	0.232	—	0.276	0.262
	分布	正态	正态	正态	正态	正态	正态	—	正态	正态
灌 7-4	$\bar{X}$	7.290	0.212	0.645	0.312	0.052	1.930	—	0.063	0.220
	σ	0.421	0.209	0.046	0.039	0.036	0.106	—	0.022	0.090
	C_v	0.058	0.982	0.072	0.126	0.682	0.055	—	0.354	0.409
	分布	(正态)	正态	(正态)	(正态)	正态	(正态)	—	正态	正态
灌 12-6	$\bar{X}$	9.508	0.225	0.367	0.096	0.052	0.570	0.221	0.064	—
	σ	0.292	0.0975	0.057	0.035	0.035	0.182	0.060	0.015	—
	C_v	0.0307	0.433	0.160	0.370	0.675	0.319	0.269	0.236	—
	分布	正态	正态	正态	正态	正态	正态	正态	正态	—
灌 24-1	$\bar{X}$	11.560	4.880	0.634	0.108	0.104	—	1.170	0.071	—
	σ	0.511	1.200	1.410	0.362	0.043	—	0.475	0.023	—
	C_v	0.044	0.246	2.230	3.340	0.412	—	0.407	0.319	—
	分布	正态	正态	正态	正态	正态	—	正态	正态	—

续表

代表部位	统计类别	pH	阳离子浓度/(mmol/L)			阴离子浓度/(mmol/L)				侵蚀 CO₂ 含量/(mmol/L)
			$Na^+ + K^+$	Ca^{2+}	Mg^{2+}	SO_4^{2-}	HCO_3^-	CO_3^{2-}	Cl^-	
深层库水	$\overline{X}$	7.530	0.148	0.307	0.073	0.073	0.695	—	0.057	0.071
	σ	0.438	0.089	0.039	0.025	0.030	0.084	—	0.016	0.034
	C_v	0.058	0.604	0.127	0.341	0.419	0.121	—	0.270	0.476
	分布	正态	正态	正态	正态	正态	正态	—	正态	正态

注:灌 2-3 表示 2♯坝段灌浆廊道 3 号水质点;正态——服从正态分布;似正态——近似服从正态分布;(正态)——剔除个别离群值后服从正态分布。

表 3.3　某水电站坝基部分取样点位水化学组分时间系列的置信区间

取样点位	置信区间	pH	阳离子浓度/(mmol/L)			阴离子浓度/(mmol/L)			
			$Na^+ + K^+$	Ca^{2+}	Mg^{2+}	SO_4^{2-}	HCO_3^-	CO_3^{2-}	Cl^-
灌 2-3	上限	7.180	0.246	0.383	0.171	0.091	1.137	0.000	0.052
	下限	6.680	0.159	0.319	0.120	0.049	0.939	0.000	0.041
灌 3-2	上限	6.158	0.271	0.178	0.093	0.088	0.562	0.000	0.052
	下限	5.845	0.161	0.138	0.063	0.039	0.478	0.000	0.041
灌 7-4	上限	7.211	0.229	0.653	0.329	0.145	1.940	0.000	0.051
	下限	7.007	0.125	0.589	0.289	0.022	1.803	0.000	0.036
灌 12-6	上限	9.558	0.244	0.429	0.129	0.090	0.708	0.239	0.051
	下限	9.274	0.154	0.395	0.095	0.035	0.614	0.204	0.050
灌 24-1	上限	12.081	4.912	2.515	0.528	0.135	0.000	1.680	0.056
	下限	11.352	4.376	2.360	0.508	0.089	0.000	1.265	0.045

3.3.2　变量的变换

水化学分析数据属于地学数据中的一类,具有海量、多噪声、混合性、区域性和多解性等特点[21]。如何正确处理此类数据,对于准确分析相关信息的时空结构、提取有用信息,从而对解决具体问题具有重要意义。

同其他地质变量一样,对水化学变量进行变换的主要目的如下:①使水化学变量尽可能呈正态分布,因为多数多元统计分析方法要求变量总体服从正态分布;②统一变量的数据水平;③使两变量间的非线性关系变为线性关系;④用一组新的为数较少的独立变量代替一组具有一定相关关系的原始变量。例如,进行聚类分析不仅要求变量间互相独立,而且要求各变量数据水平一致。

但实际上,所研究的水质变量的单位和量纲往往不一,大小差异可能达一个数量级或以上。所以,应对原始数据做变换处理,以排除量纲的干扰。常用的方法有如下两种。

1) 标准差标准化

将原始水质分析资料 x_{ij} 变换为

$$x'_{ij} = \frac{x_{ij} - \bar{x}_i}{S_i}, \quad i = 1, 2, \cdots, p; \quad j = 1, 2, \cdots, N \tag{3.13}$$

式中：$\bar{x}_i = \frac{1}{N} \sum_{j=1}^{N} x_{ij}$；$S_i = \sqrt{\frac{1}{N-1} \sum_{j=1}^{N} (x_{ij} - \bar{x}_i)^2}$。

经过变换以后，$\{x'_{ij}\}$ 中的每一个变量的平均值为 0，方差为 1；各变量具有统一水平，但变换前后的相关程度不变。就几何意义而言，进行上述标准化变换相当于把坐标原点移至重心（平均数）位置。

2) 极差正规化

将原始水质分析资料 x_{ij} 变换为

$$x'_{ij} = \frac{x_{ij} - \min_{1 \leqslant j \leqslant N} \{x_{ij}\}}{\max_{1 \leqslant j \leqslant N} \{x_{ij}\} - \min_{1 \leqslant j \leqslant N} \{x_{ij}\}} \tag{3.14}$$

经过变换以后的数据具有统一水平，其最大值为 1，最小值为 0，所有数据变化在 0～1；变化前后变量间相关程度不变。就几何意义而言，进行上述极差正规化变换相当于将坐标原点移至变量最小值的位置。

3.4　水化学资料的多元统计分析

多元统计分析是地学数据研究中的基础统计分析方法，也适用于水质多变量的量化分析。多元统计分析模型比较多，主要有回归分析、判别分析、聚类分析、因子分析、趋势分析、对应分析、相关分析等[22]。这里主要探讨在坝址渗流水化学研究中比较常用的三种多变量统计模型。

3.4.1　聚类分析

聚类分析（cluster analysis）模型又称为群分析模型，是研究指标（或样品）分类问题的一种多元统计分析模型。对于指标的分类探讨称为 R-型聚类分析，对于样品的分类探讨则称为 Q-型聚类分析。若研究区范围比较大，区内地质、水文地质条件比较复杂，且水质监测点数又比较多，宜先采用 Q-型聚类分析方法对水质样品进行分类，在此基础上再采用 R-型聚类分析方法对水质指标进行分类，并用谱系图表示所有指标间的亲疏关系。据此，结合区内具体的地质及水文地质特征，可探讨水质的形成机理。

设有 N 个水样，每个样品测得 p 项指标（变量），这样就由 N 个水样得到如下原始资料矩阵：

$$X = [x_{ij}], \quad i = 1, 2, \cdots, N; \quad j = 1, 2, \cdots, p \tag{3.15}$$

显然,对于第 j 个水样 x_j 可用矩阵(3.15)中的第 j 列描述,而对于第 i 个变量可用其中的第 i 行描述。所以,任意两个水样 X_j 与 X_k 之间的相似性可以通过矩阵(3.15)中的第 j 列与第 k 列的相似程度来刻画;任意两个变量 x_j 与 x_k 之间的相似性可以通过矩阵(3.15)中的第 j 行与第 k 行的相似程度来刻画。

对于 Q-型聚类分析,常用的有以下三个分类统计量。

1) 距离系数

$$d_{ik} = \sqrt{\frac{1}{C}\sum_{a=1}^{p}(x_{aj}-x_{ak})^2} \tag{3.16}$$

式中: C 为取定的一个常数,旨在使 d_{ik} 的值在某个范围内变化。

这样,可得到如下距离系数矩阵:

$$D = [d_{ij}], \quad i,j = 1,2,\cdots,N \tag{3.17}$$

式中: $d_{11}=d_{22},\cdots,=d_{NN}=0$ 。任意两个水样 X_j 与 X_k 之间的距离 D 值越小,则表示这两个水样之间的相似程度越大;反之, D 值越大,相似程度越小。

需要指出的是,当水质变量 $x_1,\cdots,x_p$ 彼此相关时,最好先采用因子分析方法找出几个正交因子,再用它们代替原始水质变量计算距离系数矩阵 D 。

2) 相似系数

将任意两个水样 X_j、X_k 视为 p 维空间的两个向量,这两个向量的夹角余弦(即相似系数)用 $\cos\theta_{jk}$ 表示,即

$$X_j = [x_{1j},\cdots,x_{pj}]', \quad X_k = [x_{1k},\cdots,x_{pk}]'$$

$$\cos\theta_{jk} = \frac{X_j'X_k}{|X_j||X_k|} = \frac{\sum\limits_{a=1}^{p}x_{aj}x_{ak}}{\sqrt{\sum\limits_{a=1}^{p}x_{aj}^2 \cdot \sum\limits_{a=1}^{p}x_{ak}^2}}, \quad -1 \leqslant \cos\theta_{jk} \leqslant 1 \tag{3.18}$$

这样,可得到如下相似系数矩阵:

$$\theta = [\cos\theta_{jk}], \quad j,k = 1,2,\cdots,N \tag{3.19}$$

式中: $\cos\theta_{11}=\cos\theta_{22}=\cdots=\cos\theta_{NN}=1$ 。若 $\cos\theta_{jk}\to1$,则说明两个水样 X_j 与 X_k 之间的相似性密切;反之,若 $\cos\theta_{jk}\to0$,则说明两者之间的相似性很差。

3) 相关系数

第 j 个水样与第 k 个水样之间的相关系数可定义为

$$\tilde{r}_{jk} = \sum_{a=1}^{p}\frac{(x_{aj}-\tilde{x}_j)(x_{ak}-\tilde{x}_k)}{\sqrt{\sum\limits_{a=1}^{p}(x_{aj}-\tilde{x}_j)^2 \cdot \sum\limits_{a=1}^{p}(x_{ak}-\tilde{x}_k)^2}} \tag{3.20}$$

式中: $\tilde{x}_j = \frac{1}{p}\sum\limits_{a=1}^{p}x_{aj}$; $\tilde{x}_k = \frac{1}{p}\sum\limits_{a=1}^{p}x_{ak}$ 。

根据式(3.20), $\tilde{r}_{jk}$ 实际上为两个向量 $X_j-\tilde{X}_j$ 与 $X_k-\tilde{X}_k$ 之间的夹角余弦,

当 $\widetilde{X}_j = \widetilde{X}_k = 0$ 时，$\widetilde{r}_{jk} = \cos\theta_{jk}$；$-1 \leqslant \widetilde{r}_{jk} \leqslant 1$。

这样，可得到如下相关系数矩阵：

$$\widetilde{R} = [\widetilde{r}_{jk}] \tag{3.21}$$

其中：$\widetilde{r}_{11} = \widetilde{r}_{22} = \cdots = \widetilde{r}_{NN} = 1$。根据 $\widetilde{R}$ 可对 N 个水样进行分类。

对于 R-型聚类分析，也可采用与上述相似的分类统计量对 P 个水质变量进行分类。

当采用上述方法求得分类统计量之后，据此可对水样（或水质变量）进行相似性聚类，从而形成谱系图。形成该图时应遵循如下四条原则：

（1）若选出的一对样品（或变量）在已经分好的组中未出现过，可把它们形成一个新组。

（2）若选出的一对样品（或变量）中，有一个出现在已经分好的组里，可把另外一个也加入到该组。

（3）若选出的两个样品（或变量）分别出现在已经分好的两组中，可把这两个组连在一起。

（4）若选出的两个样品（或变量）出现在同一组中，则不必再分组。

如此反复进行，直至将所有的样品（或变量）都聚合分类完毕。

3.4.2　因子分析

所谓因子分析（factor analysis），就是在具有一定关联性的许多因子中，通过降维处理找出能反映它们内在联系、起主导作用、数目较少的新因子（或综合因子）；这些新因子既能将各个原始因子所包含的不十分明显的差异集中地反映出来，使得变量（或样品）间在新因子上反映的差异尽可能突显，同时它们之间又彼此无关，即要求把重叠的信息去掉。

同样，因子分析可分为 R 型和 Q 型两类。R 型研究水质变量之间的相关关系，Q 型则研究水样之间的相关关系，两者的数学描述具有相似性。这里只讨论 R 型因子分析模型。

首先，对水质变量用式（3.20）进行标准化处理，即由 $x_{ij} \rightarrow x'_{ij}$。显然，$x'_{ij}$（$i = 1, 2, \cdots, p; j = 1, 2, \cdots, N$）的均值为 0，方差为 1，这样方差协方差阵 S 与相关阵 R 完全一样。即在水质变量矩阵 X 与 R 之间具有 $R = XX'$，求出 R 的特征值，记 $\lambda_1 \geqslant \lambda_2 \geqslant \cdots \geqslant \lambda_p$；特征向量矩阵为 $U = [u_1, u_2, \cdots, u_p]$。这时，有

$$R = U \begin{bmatrix} \lambda_1 & & & 0 \\ & \lambda_2 & & \\ & & \ddots & \\ 0 & & & \lambda_p \end{bmatrix} U'$$

即

$$XX' = U \begin{bmatrix} \lambda_1 & & & 0 \\ & \lambda_2 & & \\ & & \ddots & \\ 0 & & & \lambda_p \end{bmatrix} U' \tag{3.22}$$

对式(3.22)两边分别左乘 U'、右乘 U，得

$$U'XX'U = U'U \begin{bmatrix} \lambda_1 & & & 0 \\ & \lambda_2 & & \\ & & \ddots & \\ 0 & & & \lambda_p \end{bmatrix} U'U = \begin{bmatrix} \lambda_1 & & & 0 \\ & \lambda_2 & & \\ & & \ddots & \\ 0 & & & \lambda_p \end{bmatrix} \tag{3.23}$$

令 $F=U'X$，有

$$FF' = \begin{bmatrix} \lambda_1 & & & 0 \\ & \lambda_2 & & \\ & & \ddots & \\ 0 & & & \lambda_p \end{bmatrix} = \Lambda \tag{3.24}$$

此时，F 就是相应于该水质资料矩阵的主因子资料矩阵。自然有 $F_a=U'X_a$，$\alpha=1,2,\cdots,N$，即每一个 F_a 就是第 α 个样品主成分的观测值。

实际工作中，只需要其中一部分就足以代表 p 个 x 变量的变化，通常选 m，使

$$\frac{\lambda_1+\lambda_2+\cdots+\lambda_m}{p} \geqslant 85\% \tag{3.25}$$

即可。

关于主因子 $F_m(m<p)$ 的解，实际上是个求解条件极值的问题，可采用拉格朗日乘数法，从而得到 m 个主因子解，并由此得到因子载荷矩阵 $A_{p\times m}$。然而，欲使每个主因子 $F_i(i\leqslant m)$ 更能清晰地代表其地质及水文地质意义，必须对求得的因子载荷矩阵再进行数学处理，使结构简化，即使每个因子载荷的平方按列向 0 或向 1 两极分化。常用的数学处理方法有方差最大旋转和 Promax 斜旋转等[22]。

至此，可以得到因子分析的数学模型，即可以把变量(或样品)表示为公共因子的线性组合：

$$x_i = a_{i1}F_1+a_{i2}F_2+\cdots+a_{im}F_m, \quad i=1,2,\cdots,p \tag{3.26}$$

需要指出，应用上述 R-型因子分析方法可以对现有水质监测指标进行优化分析，进而判定其中的哪些指标对于水质的演变(如水污染)具有控制意义，而另一些指标则意义不大。显然，前一类指标应是今后需要继续监测的重点，而后一类指标则可以不考虑今后继续监测。

3.4.3　对应分析

对应分析(corresponding analysis)模型是在 R-型和 Q-型因子分析的基础上

发展起来的一种多元统计模型，是法国 Benzecri 教授于 20 世纪 70 年代初首先提出的，后由 Teil 和 David 等创造性地应用于地质学中[23]。它可以由 R-型因子分析的结果得到 Q-型因子分析的结果，作为其计算成果就是把研究区内水质变量和水质样品同时反映到相同坐标轴（因子轴）的一张图形上，以便于地质和水文地质的解释和推断。

对应分析模型的建立及求解包括如下步骤。

（1）将原始水质资料矩阵 X 按行和列分别求和，即有

$$T = \sum_{i=1}^{N} \sum_{j=1}^{p} x_{ij} \tag{3.27}$$

（2）计算矩阵。

$$Z_{(p \times N)} = [z_{ij}] \tag{3.28}$$

式中：$z_{ij} = \dfrac{x_{ij} - x_i \cdot x_{\cdot j} / T}{\sqrt{x_i \cdot x_{\cdot j}}}$。

（3）因子分析。

对于 R-型因子分析，首先需要计算矩阵 ZZ' 的特征值：$\lambda_1 \geqslant \lambda_2 \geqslant \cdots \geqslant \lambda_p$，按其累计百分比 $\sum_{\alpha=1}^{k} \lambda_\alpha / \sum_{\alpha=1}^{p} \lambda_\alpha \geqslant 85\%$ 取前 k 个特征值 $\lambda_1, \lambda_2, \cdots, \lambda_k$，并计算相应的单位特征向量 $u_1, u_2, \cdots, u_k$，从而得到 R-型因子载荷矩阵：

$$F = \begin{bmatrix} u_{11} \sqrt{\lambda_1} & u_{12} \sqrt{\lambda_2} & \cdots & u_{1k} \sqrt{\lambda_k} \\ u_{21} \sqrt{\lambda_1} & u_{22} \sqrt{\lambda_2} & \cdots & u_{2k} \sqrt{\lambda_k} \\ \vdots & \vdots & & \vdots \\ u_{p1} \sqrt{\lambda_1} & u_{p2} \sqrt{\lambda_2} & \cdots & u_{pk} \sqrt{\lambda_k} \end{bmatrix} \tag{3.29}$$

接着，需要求因子 F_i 对变量 j 的绝对贡献。由于因子平面投影图是多维空间在平面上的投影，在某些特殊情形下两相邻点可能是相隔很远的点，所以要引入贡献的概念。绝对贡献实际上是因子 F_i 对变量 j 的方差贡献与因子 F 的总方差贡献之比，即

$$\mathrm{RCA}_i^{(j)} = \frac{f_{ji}^2}{\lambda_i}, \quad i = 1, 2, \cdots, k; \quad j = 1, 2, \cdots, p \tag{3.30}$$

之后，求因子 F_i 对变量 j 的相对贡献。相对贡献反映了因子 F_i 对变量 j 离原点的距离所做贡献的相对大小，即

$$\mathrm{RCR}_i^{(j)} = \frac{f_{ji}^2}{d_j^2}$$

其中

$$d_j^2 = \sum_{i=1}^{k} f_{ji}^2, \quad i = 1, 2, \cdots, k; \quad j = 1, 2, \cdots, p \tag{3.31}$$

对于 Q-型因子分析,对由矩阵 ZZ' 得到的前 k 个特征值 $\lambda_1 \geqslant \lambda_2 \geqslant \cdots \geqslant \lambda_k$,计算对应于矩阵 ZZ' 的单位特征向量 $Z'u_1 = V_1, Z'u_2 = V_2, \cdots, Z'u_k = V_k$,从而得到 Q-型因子载荷矩阵

$$G = \begin{bmatrix} v_{11}\sqrt{\lambda_1} & v_{12}\sqrt{\lambda_2} & \cdots & v_{1k}\sqrt{\lambda_k} \\ v_{21}\sqrt{\lambda_1} & v_{22}\sqrt{\lambda_2} & \cdots & v_{2k}\sqrt{\lambda_k} \\ \vdots & \vdots & & \vdots \\ v_{N1}\sqrt{\lambda_1} & v_{N2}\sqrt{\lambda_2} & \cdots & v_{Nk}\sqrt{\lambda_k} \end{bmatrix} \tag{3.32}$$

同样,也需要分别求因子 F_i 对样品 i 的绝对贡献 $\mathrm{SCA}_i^{(j)}$ 和相对贡献 $\mathrm{SCR}_i^{(j)}$,其表达式分别为

$$\mathrm{SCA}_i^{(j)} = \frac{g_{ji}^2}{\lambda_i}$$

$$\mathrm{SCR}_i^{(j)} = \frac{g_{ji}^2}{d_j^{*2}}$$

其中

$$d_j^{*2} = \sum_{i=1}^k g_{ji}^2, \quad i = 1, 2, \cdots, k; \quad j = 1, 2, \cdots, p \tag{3.33}$$

最后,选择两个因子作为坐标轴,利用 R-型因子载荷矩阵中相应于这两个因子的数值作为变量在该因子平面上的投影值,Q-型因子载荷矩阵中相应于这两个因子的数值作为样品在该因子平面上的投影值,作因子平面投影图。

将水质变量和样品投影在同一因子平面图上,可以综合反映许多有用的信息:①相互靠近的变量点之间关系密切,表明在成因上有一定联系,可指示某种特定的水文地球化学作用;②靠近的一些样品点具有相似的类型,是同一水文地球化学作用的产物;③相同类型的样品点可由与它们临近的变量点来刻画,有助于对样品类型的成因分析。另外,通过对样品的空间分布特征的分析,可推断相关水文地球化学作用及其过程的空间变化。总之,应用上述对应分析多元统计方法处理水质资料,具有压缩原始数据、指示成因推理的方向、分解叠加的水文地球化学作用过程等特点。据此,还可进行区内水质监测网的优化分析。

3.5　基于化学热力学原理的饱和指数模型及求解

3.5.1　若干基本概念

1) 体系与环境

一般,将研究对象称为体系,而其余部分则称为环境;两者之间由界面或假想的界面分开。这种分类是人为的,目的只是为了便于分析,而不是体系本身有什

么本质不同。

按照体系与环境之间能否交换物质与能量,可以把热力学体系分为如下三种:①开放体系(open system)——与环境之间既有物质交换又有能量交换;②封闭体系(closed system)——与环境之间仅有能量交换但无物质交换;③孤立体系(isolated system)——与环境之间既没有物质交换也没有能量交换。对于天然状态下的地下水流系统,若埋深浅且处于无压状态,则可认为具有开放体系的特性;若埋深大且处于承压状态,则认为具有封闭体系的特性。一般而言,处于孤立体系的地下水流系统是不存在的。

体系可以由单相物质组成,如液相或固相等;可以由两相组成,如液相与固相等;也可以由多相组成,如液相、固相和气相等。

需要指出的是,坝址渗流水化学场处于表生环境下。就概念而言,表生环境是一个在太阳能和重力能作用下的多组分动力学体系;温度不高但变化迅速,压力变化不大;有广大的自由空间且富含 O_2 和 CO_2;生物活动及作用异常强烈,有人类活动参与;表生有机作用使大分子及分子量不定的物质大量产生,结果出现了元素间过渡型的复杂结合形式。

2) 平衡状态与状态函数

状态是指体系处在某个瞬间所呈现的宏观物理状况;而平衡状态则是指体系在不受外界影响的条件下,宏观性质不随时间而变化。当体系达到平衡状态时,组成体系的分子仍处于不断的运动中,但分子运动的平均效果不随时间变化,因而表现为宏观状态不变。因此,平衡状态实质上是动态平衡。

描述体系所处状态的宏观物理量称为热力学变量,也称为状态函数。常用的状态函数包括温度(T)、压力(P)、体积(V)、自由能(G)等。

3) 过程

过程是指体系由某一平衡状态变化到另一平衡状态时所经历的全部状态的总和。按照可逆程度也可按照某个状态函数(如温度或压力等),将过程分为不可逆过程和可逆过程。不可逆过程是指一个单向过程发生之后一定留下一些痕迹,无论采用何种方法也不能将此痕迹完全消除。这是理解热力学第二定律的关键。可逆过程可以理解为几乎在或接近于平衡状态下发生的过程,该过程的途径代表一系列的平衡状态;只要将条件稍做改变,即可改变过程的方向。严格而言,可逆过程是不存在的。

3.5.2　饱和指数模型

饱和指数是反映水溶液同与之相接触的某种矿物之间处于何种反应状态的一个重要参数,常以 SI(saturation index)表示。试考察如下化学反应:

$$a\mathrm{A} + b\mathrm{B} =\!\!=\!\!= c\mathrm{C} + d\mathrm{D} \qquad (3.34)$$

式中：a 和 b 分别为反应物 A 和 B 的物质的量；而 c 和 d 则分别为生成物 C 和 D 的物质的量。按照质量作用定律，当上述反应达到平衡时，生成物与反应物之间可建立如下的关系式：

$$K=\frac{[C]^c[D]^d}{[A]^a[B]^b} \tag{3.35}$$

式中：右边部分常以 IAP 表示，为离子活度积；K 为反应平衡常数。显然，当达到溶解平衡时，若 IAP＝K，即 IAP/K＝1，则表明水与某种矿物（或岩石）之间处于溶解平衡的临界状态；若 IAP/K＜1，则表明水与某种矿物（或岩石）之间处于非饱和状态，即有关反应继续向着矿物被溶解的方向进行；若 IAP/K＞1，则表明水与某种矿物（或岩石）之间处于过饱和状态，即有关反应向着矿物被沉淀的方向进行。这样，可以得到 SI 的数学表达式：

$$SI=\frac{IAP}{K} \quad 或 \quad SI=\lg\frac{IAP}{K} \tag{3.36}$$

下面讨论式(3.36)的化学热力学含义。不失一般性，把溶解反应写成

$$AB(s)\Longrightarrow A^{n+}+B^{n-}$$

则有

$$SI=\frac{[A^{n+}][B^{n-}]}{K_{sp}} \quad 或 \quad SI=\lg\frac{[A^{n+}][B^{n-}]}{K_{sp}} \tag{3.37}$$

根据范特霍夫方程，有

$$\Delta G=\Delta G^{\ominus}+RT\ln([A^{n+}][B^{n-}])$$

其中

$$\Delta G^{\ominus}=-RT\ln K_{sp}^{\ominus}$$

即

$$\Delta G=-RT\ln K_{sp}^{\ominus}+RT\ln([A^{n+}][B^{n-}])=RT\ln\frac{[A^{n+}][B^{n-}]}{K_{sp}^{\ominus}}\approx2.3RT\cdot SI$$

或写成

$$SI=\frac{\Delta G}{2.3RT} \tag{3.38}$$

式中：K_{sp} 为难溶矿物的浓度积；$K_{sp}^{\ominus}$ 为难溶矿物的标准浓度积；ΔG 表示反应的自由能，在数值上 $\Delta G=\sum\Delta G_{生成物}-\sum\Delta G_{反应物}$；$\Delta G^{\ominus}$ 表示反应的标准自由能；$[A^{n+}]$、$[B^{n-}]$ 表示溶解成分的活度；R 为摩尔气体常量，0.008314kJ/mol；T 为热力学温度，在标准状态下，T＝298.15K。渗流水化学中常见组分的标准生成自由能（包括标准生成焓值）见表 3.4。

根据式(3.38)，不难得出饱和指数 SI 具有如下化学热力学含义：

（1）当 SI＜0 时，有 ΔG＜0，表明水溶液处于非饱和状态，即与水相接触的某种矿物处于被溶解的状态。

（2）当 SI＝0 时，有 $\Delta G＝0$，表明水溶液处于临界饱和状态，即与水相接触的某种矿物处于溶解-沉淀的动平衡状态。

（3）当 SI＞0 时，有 $\Delta G＞0$，表明水溶液处于过饱和状态，即水溶液中的某种矿物（以液相形式存在）处于沉淀状态。

表 3.4　水化学中若干重要物种的化学热力学常数（1kcal＝4.184kJ）

物种	$\Delta G_f^{\ominus}/(\text{kcal/mol})$	$\Delta H_f^{\ominus}/(\text{kcal/mol})$
$Ca^{2+}(aq)$	−132.18	−129.77
$CaCO_3(s)$	−269.78	−288.45
$CaO(s)$	−144.40	−151.90
$C(s)$	0	0
$CO_2(g)$	94.26	−94.05
$CO_2(aq)$	−92.31	−98.69
$CH_4(g)$	−12.14	−17.89
$H_2CO_3{}^*(aq)$	−149.00	−167.00
$HCO_3^-(aq)$	−140.31	−165.18
$CO_3^{2-}(aq)$	−126.22	−161.63
$H^+(aq)$	0	0
$H_2(g)$	0	0
$Fe^{2+}(aq)$	−20.30	−21.00
$Fe^{3+}(aq)$	−2.52	−11.4
$Fe(OH)_3(s)$	−166.0	−197.0
$Mn^{2+}(aq)$	−54.4	−53.3
$MnO_2(s)$	−111.1	−124.2
$Mg^{2+}(aq)$	−108.99	−110.41
$Mg(OH)_2(s)$	−199.27	−221.00
$NO_3^-(aq)$	−26.43	−49.37
$NH_3(g)$	−3.98	−11.04
$NH_3(aq)$	−6.37	−19.32
$NH_4^+(aq)$	−19.00	−31.74
$O_2(aq)$	3.93	−3.90
$O_2(g)$	0	0
$OH^-(aq)$	−37.60	−54.96
$H_2O(g)$	−54.64	−57.80
$H_2O(l)$	−56.69	−68.32

物种	$\Delta G_\mathrm{f}^{\ominus}/(\mathrm{kcal/mol})$	$\Delta H_\mathrm{f}^{\ominus}/(\mathrm{kcal/mol})$
SO_4^{2-}(aq)	−177.34	−216.90
HS^-(aq)	3.01	−4.22
H_2S(g)	−7.89	−4.82
H_2S(aq)	−6.54	−9.40

注:aq 指液相,s 指固相,g 指气相;$H_2CO_3^*$ 指一假想物种,包含 CO_2(aq)和 H_2CO_3。

这样,饱和指数 SI 便成为判定环境水尤其是地下水与某种矿物间反应状态(即溶解-沉淀反应)的一个特定化学热力学模型。显然,如同反应的自由能 ΔG 一样,SI 也受多因素影响,即是温度 T、压力 P 及化学组分 $n_1, n_2, \cdots, n_i$ 的函数,即

$$\mathrm{SI} = \mathrm{SI}(T, P, n_1, n_2, \cdots, n_i) \tag{3.39}$$

一般来说,根据 SI 值来判定低矿化水(TDS<1.0g/L)与矿物之间的反应状态,还是可靠的[1]。

3.5.3　饱和指数模型的求解

式(3.37)表明,SI 值即为离子活度积 IAP 与平衡常数 $K_{平衡}$ 之间的比值,而非离子浓度积与平衡常数 $K_{平衡}$ 之间的比值。离子活度积与离子浓度积之间的区别可以以石膏($CaSO_4 \cdot 2H_2O$)的溶解度来说明。在标准状态下,当 $CaSO_4 \cdot 2H_2O$ 的溶解反应达到平衡时,如考虑溶液中 Ca^{2+} 与 SO_4^{2-} 的活度,则计算溶解度为 1069mg/L,此值几乎为假定活度等于浓度条件下其计算溶解度(578.8mg/L)的两倍。可见,在计算 SI 的过程中,若不考虑水溶液中不同组分间实际存在的离子效应而一概假定离子活度积等于离子浓度积,就很可能导致计算结果的失真。

另外,需要指出的是,式(3.37)中的离子活度积实际上仅是游离离子的活度积,而根据离子活度积求得的 SI 值显然没有考虑络合物对计算结果的影响。实际上,体系中的络合物对于矿物反应状态的影响还是比较大的,不能忽略。仍以石膏为例,在标准状态下当 $CaSO_4 \cdot 2H_2O$ 的溶解反应达到平衡时,若不但考虑溶液中 Ca^{2+} 与 SO_4^{2-} 的活度,还考虑络合物 $CaSO_4^0$ 产生的影响,则石膏的溶解度为 1515.4mg/L,比未考虑该络合物时的溶解度(1069mg/L)大近 50%。可见,水溶液中络合物的存在,明显增大了难溶盐的溶解度,由此对 SI 的计算结果也产生了相应的影响。

综上所述,欲使求得的 SI 值能较为客观地反映水-岩系列间的相互作用状态,务必要注意以下两个方面:一方面需要考虑水溶液中不同组分间实际存在的离子效应;另一方面,也需要考虑水溶液中组分的不同存在形式。因此,求解 SI 模型一般包括以下步骤。

1) 求离子强度

水溶液中的离子效应(包括异离子效应和同离子效应),使不同离子间存在引力或斥力,导致其在水-岩体系中的物理化学行为受到一定的影响。这种使离子浓度部分地成为"无效浓度"的电场力,就是所谓溶液的离子强度。其表达式为

$$I = \frac{1}{2} \sum Z_i^2 m_i \tag{3.40}$$

式中:I 为水溶液中的离子强度,mol/L;Z_i 为第 i 个离子或络合物所带的电荷数;m_i 为第 i 个离子或络合物的浓度,mol/L。

考虑到用式(3.40)计算水溶液中的离子强度仍比较繁杂,在实际工作中可根据水的离子强度与电导率之间的相关性,采用如下经验公式通过测定水的电导率(EC)来求离子强度(μS/cm):

$$I = 1.6 \times 10^{-5} \times EC \tag{3.41}$$

也可采用如下经验公式通过测定或计算水的总溶解固体(TDS)来求离子强度(mg/L):

$$I = 2.5 \times 10^{-5} \times TDS \tag{3.42}$$

式(3.42)适用于 TDS<1000mg/L 的水体。

2) 求活度系数

离子的活度是指溶液中具有反应能力的有效离子浓度,而离子的活度系数 r 则为有效离子浓度与离子的实际浓度之比。一般地,r 值随水溶液中离子强度 I 的改变而发生变化:当 I 值很小时,$r \approx 1$;当 I 值增大时,多数情形下 $r<1$;而当溶液的浓度太高时,$r>1$,这就标志着水溶液中离子强度的增大将有利于水-岩体系中难溶元素的溶解和迁移。

对于不同浓度的水溶液,应选用不同的计算公式求活度系数。对于 $I<0.1$mol/L的低矿化水,可用 Debye-Hückel 公式进行计算。

$$\lg r_i = -\frac{AZ_i^2 \sqrt{I}}{1 + Ba \sqrt{I}} \tag{3.43}$$

式中:Z 为离子的电荷数;A、B 为与水的温度有关的常数,见表 3.5[24];而 a 则为与离子水化半径有关的常数,见表 3.6[25]。

表 3.5　不同温度下 Debye-Hückel 公式中的 A、B 值

t/℃	A	B	t/℃	A	B
0	0.4883	0.3241	25	0.5085	0.3281
5	0.4921	0.3249	30	0.5130	0.3290
10	0.4960	0.3258	40	0.5221	0.3305
15	0.5000	0.3262	50	0.5319	0.3321
20	0.5042	0.3273	60	0.5425	0.3338

表 3.6 Debye-Hückel 公式中有关离子的 $a(\times 10^8)$ 值

a	一价离子
9	H^+
6.5	$MgOH^+$
6	$CaHCO_3^+$,$CaOH^+$
5.4	$Al(OH)_2^+$,AlF_2^+,$Fe(OH)_2^+$,KSO_4^-,$Fe(OH)_4^-$,$NaCO_3^-$,$NaSO_4^-$
5	$FeOH^+$,$FeCl_2^+$,$FeSO_4^+$,$Fe(OH)_3^-$
4~4.5	Na^+,$CdCl_2^-$,IO_3^-,HCO_3^-,$H_2PO_4^-$,HSO_4^-,$H_2AsO_4^-$,$MgHCO_3^+$,$Co(NH_3)_4(NO_2)_2^+$, $FeCl_4^-$,$FeCl^+$,$Al(OH)_4^-$,$AlSO_4^+$,$Al(SO_4)_2^-$,AlF_4^-,$H_3SiO_4^-$
3.5	OH^-,F^-,NCS^-,NCO^-,HS^-,ClO_3^-,ClO_4^-,BrO_3^-,IO_4^-,MnO_4^-
3	K^+,Cl^-,Br^-,I^-,CN^-,NO_2^-,NO_3^-
2.5	Rb^+,Cs^+,NH_4^+,Tl^+,Ag^+,$H_2BO_3^-$

a	二价离子
8	Mg^{2+},Be^{2+}
6	Ca^{2+},Cu^{2+},Zn^{2+},Sn^{2+},Mn^{2+},Fe^{2+},Ni^{2+},Co^{2+}
5.4	AlF^{2+},$AlOH^{2+}$,$H_2SiO_4^{2-}$
5	Sr^{2+},Ba^{2+},Ra^{2+},Cd^{2+},Hg^{2+},S^{2-},$S_2O_4^{2-}$,WO_4^{2-},$Fe(OH)_4^{2-}$,$FeCl^{2+}$,$FeOH^{2+}$
4.5	Pb^{2+},CO_3^{2-},SO_3^{2-},MoO_4^{2-},$Co(NH_3)_5Cl^{2+}$,$Fe(CN)_5NO^{2-}$,AlF_5^{2-}
4	SO_4^{2-},$S_2O_3^{2-}$,$S_2O_8^{2-}$,SeO_4^{2-},CrO_4^{2-},HPO_4^{2-},$S_2O_6^{2-}$

a	三价离子
9	Al^{3+},Fe^{3+},Cr^{3+},Sc^{3+},Y^{3+},La^{3+},In^{3+},Ce^{3+},Pr^{3+},Nd^{3+},Sm^{3+}
4.5	AlF_6^{3+}
4	PO_4^{3-},$Fe(CN)_6^{3-}$,$Cr(NH_3)_6^{3+}$,$Co(NH_3)_5H_2O^{3+}$

a	四价离子
11	Th^{4+},Zr^{4+},Ce^{4+},Sn^{4+}
6	$CO(S_2O_3)(CN)_5^{4-}$
5	$Fe(CN)_6^{4-}$

对于 $I<0.1mol/L$ 的低矿化水，也可用 Güntelberg 公式进行计算：

$$\lg r_i = -AZ_i^2\frac{\sqrt{I}}{1+\sqrt{I}} \qquad (3.44)$$

根据式(3.44)，可得到离子强度与活度系数之间的关系曲线，如图 3.23 所示。

对于 $I=0.1\sim0.5mol/L$ 的相对高矿化水，可用 Davis 公式进行计算：

$$\lg r_i = -\frac{AZ_i^2\sqrt{I}}{1+Ba\sqrt{I}}+bI \qquad (3.45)$$

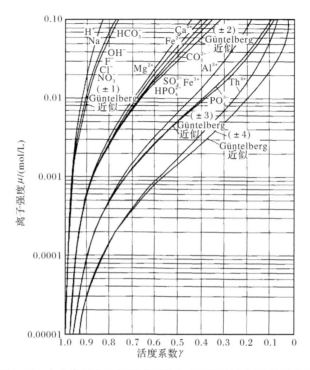

图 3.23　水中常见离子的活度系数与离子强度之间的关系曲线

同式(3.43)相比较,式(3.45)增加了 bI 项,其中 b 为校正参数,见表 3.7。

表 3.7　Davis 公式中的 a、b 值

离子	a	b
Ca^{2+}	5.0	0.165
Mg^{2+}	5.5	0.200
Na^+	4.0	0.075
K^+	3.5	0.015
Cl^-	3.5	0.015
SO_4^{2-}	5.0	-0.040
HCO_3^-	5.4	0
CO_3^{2-}	5.4	0

3) 建立相关方程组

为简化计算,首先将由平衡状态时求得的各种组分的质量作用和质量平衡方程进行一定的数学处理。

已知

$$K_{\text{NaSO}_4^-} = \frac{r_{\text{Na}^+} m_{\text{Na}^+} r_{\text{SO}_4^{2-}} m_{\text{SO}_4^{2-}}}{r_{\text{NaSO}_4^-} m_{\text{NaSO}_4^-}} \tag{3.46}$$

$$K_{\text{NaCO}_3^-} = \frac{r_{\text{Na}^+} m_{\text{Na}^+} r_{\text{CO}_3^{2-}} m_{\text{CO}_3^{2-}}}{r_{\text{NaCO}_3^-} m_{\text{NaCO}_3^-}} \tag{3.47}$$

$$K_{\text{NaHCO}_3^0} = \frac{r_{\text{Na}^+} m_{\text{Na}^+} r_{\text{HCO}_3^-} m_{\text{HCO}_3^-}}{r_{\text{NaHCO}_3^0} m_{\text{NaHCO}_3^0}} \tag{3.48}$$

令

$$S_1 = \frac{r_{\text{Na}^+} m_{\text{Na}} r_{\text{SO}_4^{2-}}}{K_{\text{NaSO}_4^-} r_{\text{NaSO}_4^-}} \quad \Rightarrow m_{\text{NaSO}_4^-} = S_1 m_{\text{SO}_4^{2-}} \tag{3.49}$$

$$S_2 = \frac{r_{\text{Na}^+} m_{\text{Na}^+} r_{\text{CO}_3^{2-}}}{K_{\text{NaCO}_3^-} r_{\text{NaCO}_3^-}} \quad \Rightarrow m_{\text{NaCO}_3^-} = S_2 m_{\text{CO}_3^{2-}} \tag{3.50}$$

$$S_3 = \frac{r_{\text{Na}^+} m_{\text{Na}^+} r_{\text{HCO}_3^-}}{K_{\text{NaHCO}_3^0} r_{\text{NaHCO}_3^0}} \quad \Rightarrow m_{\text{NaHCO}_3^0} = S_3 m_{\text{HCO}_3^-} \tag{3.51}$$

则有

$$m_{\text{Na}^+}(T) = m_{\text{Na}^+} + S_1 m_{\text{SO}_4^{2-}} + S_2 m_{\text{CO}_3^{2-}} + S_3 m_{\text{HCO}_3^-} \tag{3.52}$$

同理,可求出

$m_{\text{Ca}^{2+}}(T)$、$m_{\text{K}^+}(T)$、$m_{\text{Mg}^{2+}}(T)$、$m_{\text{HCO}_3^-}(T)$、$m_{\text{CO}_3^{2-}}(T)$、$m_{\text{Cl}^-}(T)$、$m_{\text{SO}_4^{2-}}(T)$等与式(3.52)相似的表达式。

4) 求水-岩体系中有关络合物组分的浓度

用 Newton-Raphson 迭代法求解由 $m_{\text{Ca}^{2+}}(T)$、$m_{\text{K}^+}(T)$、$m_{\text{Mg}^{2+}}(T)$、$m_{\text{HCO}_3^-}(T)$等组成的非线性方程组,从而得到各游离离子及相应络合物组分的浓度。

5) 求 CO_3^{2-} 的浓度

若水质常规分析结果中没有 $m_{\text{CO}_3^{2-}}$,则根据式(3.53)进行计算:

$$m_{\text{CO}_3^{2-}} = \frac{K_2 r_{\text{HCO}_3^-} m_{\text{HCO}_3^-}}{r_{\text{CO}_3^{2-}} 10^{-\text{pH}}} \tag{3.53}$$

6) 循环迭代至满足精度要求

将上述步骤所求得的各游离离子及络合物组分的浓度再次代入步骤1),以便校正离子强度 I 值;并以新的 I 值求得各离子新的活度系数;再以新的离子活度系数 r 值及第一次求得的第 i 个游离离子的浓度 m_i 值,求得各游离离子和络合物的新的浓度值;如此不断迭代至满足精度要求,迭代结束。

7) 计算 SI 值

这样,根据式(3.36)求得的 SI 值,可判定水-岩作用体系中目标矿物的反应状态,即处于溶解状态、溶解-沉淀动态平衡状态还是沉淀状态。

按照上述步骤,可以采用确定性方法进行求解,也可采用随机模拟方法(如

Monte-Carlo 方法)进行求解[26]。

由以上分析可知,求解水溶液 SI 值的过程比较繁杂,尤其是当需要考虑水溶液中络合物的存在形式时。

在实际工作中,若仅需要考察水溶液与碳酸岩类介质(如 $CaCO_3$)之间的反应状态,可采用如下相对简洁的方法,即 Langelier 指数方法来求解。有关表达式为

$$LI = pH_a - pH_s \qquad (3.54)$$

式中:pH_a 为水的实际 pH;pH_s 则为假设水处于与 $CaCO_3$ 间平衡时的 pH。

利用 LI 的判别原则如下:①若 LI<0,则表示水溶液处于未饱和状态,即表示 $CaCO_3$ 处于溶解状态;②若 LI=0,则表示水溶液与 $CaCO_3$ 之间处于溶解-沉淀平衡状态;③若 LI>0,则表示水溶液处于过饱和状态,即表示 $CaCO_3$ 处于沉淀状态。可见,以 LI 作为判据具有与 SI 相似的物理意义。

若已知 Ca^{2+} 和 HCO_3^- 的浓度,便可求得 pH。而对于 $CaCO_3$ 的溶解-沉淀平衡可由如下反应方程式表示:

$$CaCO_3 + H^+ \rightleftharpoons Ca^{2+} + HCO_3^- \qquad (3.55)$$

$$K = \frac{[Ca^{2+}][HCO_3^-]}{[H^+]}$$

式(3.54)可由以下两式相减而得到:

$$CaCO_3 \rightleftharpoons Ca^{2+} + CO_3^{2-}$$

$$HCO_3^- \rightleftharpoons H^+ + CO_3^{2-}$$

故

$$K = \frac{K_{sp}}{K_{a,2}} = \frac{[Ca^{2+}][HCO_3^-]}{[H^+]}$$

即

$$[H^+] = \frac{K_{a,2}}{K_{sp}}[Ca^{2+}][HCO_3^-]$$

对左右两边取负对数,得到计算 pH_s 的公式:

$$pH_s = pK_{a,2} - pK_{sp} + p[Ca^{2+}] + p[HCO_3^-] - \lg r_{Ca^{2+}} - \lg r_{HCO_3^-} \qquad (3.56)$$

这样,若已知某水溶液的 Ca^{2+} 和 HCO_3^- 浓度、pH、温度以及离子强度,则可根据式(3.56)计算 pH_s,再根据式(3.54)可定量化反映该水溶液与 $CaCO_3$ 间是否处于平衡状态。需要指出,在应用式(3.56)计算时,当已知离子强度[可由式(3.40)或式(3.41)或式(3.42)求得]时,可由图 3.23 分别查得 $r_{Ca^{2+}}$、$r_{HCO_3^-}$;而一定温度下,水的 pK_{sp}、$pK_{a,2}$ 值可由式(3.57)求得:

$$\ln \frac{K_1}{K_2} = \frac{\Delta H^\ominus}{R}\left(\frac{1}{T_2} - \frac{1}{T_1}\right) \qquad (3.57)$$

式(3.57)即为范特霍夫方程。其中,K 为平衡常数;T 为热力学温度;R 为理想气体常数;$\Delta H^\ominus$ 为标准生成焓,水中常见成分的 $\Delta H^\ominus$ 值见表 3.4。根据式(3.57),

可以用手册上查到的平衡常数 K 推求非 25℃时的 K 值。

实际上,以 LI 作为判据与 ΔG 之间是一致的。这是因为

$$\Delta G = RT \ln \frac{Q}{K}$$

$$Q = \frac{[Ca^{2+}][HCO_3^-]}{[H^+]_a}$$

$$K = \frac{[Ca^{2+}][HCO_3^-]}{[H^+]_s}$$

$$\frac{Q}{K} = \frac{[H^+]_s}{[H^+]_a}$$

$$\lg \frac{Q}{K} = \lg[H^+]_s - \lg[H^+]_a = pH_a - pH_s$$

因此,当 $pH_a - pH_s = LI < 0$ 时,即有 $\Delta G < 0$,表明反应式(3.55)能自发向右进行,即 $CaCO_3$ 趋于溶解,水溶液处于非饱和状态;LI=0,即 $\Delta G=0$,表明 $CaCO_3$ 处于溶解-沉淀的平衡状态;LI>0,即 $\Delta G>0$,表明 $CaCO_3$ 趋于沉淀,水溶液处于过饱和状态。

由以上分析可知,在定量化解析水与碳酸盐类矿物(如 $CaCO_3$)之间的反应状态时,以 LI 作为判据的方法相对简洁。

3.6　水化学侵蚀作用分析与评价

3.6.1　侵蚀作用类型

水工混凝土腐蚀是环境水作用的产物。水工混凝土的腐蚀类型与环境水质密切相关,按破坏性质可分为分解类侵蚀作用、盐类(或结晶型)侵蚀作用、复合型侵蚀作用。

1. 分解类侵蚀作用

凡引起混凝土介质的碱度下降,导致水泥水化产物的化学性病变,称为分解性侵蚀作用。在发生此类侵蚀过程中,液相-固相之间的碱度平衡具有动态特征,反应通式为

$$mCaO \cdot SiO_2(aq) + xH_2O \longrightarrow (m-x)CaO \cdot SiO_2(aq) + xCa(OH)_2$$

$$(3.58)$$

$$nCaO \cdot Al_2O_3(aq) + yH_2O \longrightarrow (n-y)CaO \cdot Al_2O_3(aq) + yCa(OH)_2$$

$$(3.59)$$

式中:m, x, n, y 分别为参与反应各物质的物质的量;aq 表示液相。

如上述反应持续进行,将使硅酸钙、铝酸钙的水化产物不断分解成无强度的硅胶及铝胶。

按照具体的水质特征,可把分解类侵蚀作用进一步分为溶出型、酸性型及碳酸型侵蚀作用。

溶出型侵蚀作用:其溶蚀机理可用式(3.60)表示:

$$Ca(OH)_2 + HCO_3^- \longrightarrow CaCO_3 + H_2O + OH^- \qquad (3.60)$$

上述反应结果使混凝土中的水泥水化产物[主要指 $Ca(OH)_2$]表层碳化,该碳化层在一定条件下可暂时具有阻止水泥水化产物进一步溶出的作用。但当水的硬度(由钙、镁构成)很低、呈软水时,与之相接触的碳化层是不稳定的,可发生如下反应:

$$CaCO_3 + H_2O \longrightarrow Ca^{2+} + HCO_3^- + OH^- \qquad (3.61)$$

诸如 $Ca(OH)_2$ 一类水泥水化产物的溶出,属于物理作用,但可导致混凝土结构的化学性病变。《水利水电工程地质勘察规范》(GB 50487—2008)规定,以水的重碳酸盐碱度(HCO_3^-)作为评价指标,即当 HCO_3^- 浓度≤1.07mmol/L 时,此类水具有溶出型侵蚀作用。

酸性型侵蚀作用:水中的酸性物质(以 H^+ 表征)与水泥水化产物产生中和作用,而后者在反应过程中被逐渐地溶解而流失。《水利水电工程地质勘察规范》(GB 50487—2008)以水的 pH 作为评价指标,即当 pH≤6.5 时,此类水具有酸性型侵蚀作用。

碳酸型侵蚀作用:其溶蚀机理在于水溶液中含有一定量的溶解状 CO_2,且其中部分能与水化合形成碳酸,此类碳酸水可使水泥水化产物表层的碳化层——碳酸盐类物质的溶解度明显增大,由此加剧了水泥水化产物的溶蚀作用。其反应式为

$$CaCO_3 + H_2CO_3 \longrightarrow Ca(HCO_3)_2 \qquad (3.62)$$

若 $Ca(HCO_3)_2$ 不流失,与 $Ca(OH)_2$ 一类水泥水化产物直接接触而又被碳化。其反应式为

$$Ca(OH)_2 + Ca(HCO_3)_2 \longrightarrow 2CaCO_3 + 2H_2O \qquad (3.63)$$

式(3.62)和式(3.63)表明,$CaCO_3$ 仅是此类侵蚀作用的中间产物,最终将以易溶的 $Ca(HCO_3)_2$ 随水流而流失。《水利水电工程地质勘察规范》(GB 50487—2008)以水中侵蚀性 CO_2 含量作为评价指标,即当水中侵蚀性 CO_2 浓度≥15mg/L 时,此类水具有碳酸型侵蚀作用。

显然,不管环境水中是否含有侵蚀性 CO_2,但只要是软水,就会对与之相接触的碳酸盐类物质发生侵蚀作用,如式(3.61)所示。与式(3.62)相比较,两者所不同的只是在侵蚀作用的强度方面存在差异。

2. 盐类侵蚀作用

环境水中可含有多种盐类,由此产生的侵蚀作用称为盐类侵蚀作用。其中,以硫酸盐对于混凝土产生的侵蚀作用危害性最大,侵蚀破坏机理可用式(3.64)表示:

$$4CaO \cdot Al_2O_3 \cdot 19H_2O + 3CaSO_4 + 13H_2O \longrightarrow \tag{3.64}$$
$$3CaO \cdot Al_2O_3 \cdot 3CaSO_4 \cdot 31H_2O + Ca(OH)_2$$

上述反应生成的新物质(称为钙矾石)的体积明显增大,导致混凝土的体积膨胀而产生次生应力引起破坏作用。另外,当水中的 SO_4^{2-} 浓度较高($>1000mg/L$)时,此类水还可与水泥水化产物产生如下反应:

$$Ca(OH)_2 + SO_4^{2-} + 2H_2O \longrightarrow CaSO_4 \cdot 2H_2O \downarrow + 2OH^- \tag{3.65}$$

反应后析出的石膏晶体的体积比 $Ca(OH)_2$ 增大约 1 倍,从而导致混凝土体积膨胀而产生次生应力引起破坏作用。《水利水电工程地质勘察规范》(GB 50487—2008)以水中 SO_4^{2-} 含量作为评价指标,即当 SO_4^{2-} 浓度$\geqslant 250mg/L$ 时,此类水对普通硅酸盐水泥具有硫酸盐型侵蚀作用;而当 SO_4^{2-} 浓度$\geqslant 3000mg/L$,此类水则对抗硫酸盐水泥仍具有相应的侵蚀作用。

3. 复合型侵蚀作用

自然界中,在一定条件下环境水还可存在由两种或两种以上侵蚀作用形成的复合型侵蚀作用。例如,由于地质体页岩夹层中有机质的氧化而形成酸性型与碳酸型的复合型侵蚀作用;又如,具有一定水质特征的水溶液对于混凝土介质,既产生分解类侵蚀,同时也产生结晶类侵蚀,而形成结晶、分解复合类侵蚀作用。相关反应的形成机理见表3.8,具体的评价标准见表3.9。

表 3.8　环境水侵蚀作用分类

侵蚀作用类型	侵蚀作用特征
分解类侵蚀作用	TDS 极低的水,硬度$<1.5mmol/L$ 的软水,水中的 H^+、CO_2、游离碳酸及某些盐类的含量处于极限值时,使混凝土碳酸化,或导致水泥石水解,使水泥石中的 $Ca(OH)_2$ 或 CaO 及其他成分溶解流失,从而降低混凝土的碱度,并引起混凝土强度降低。有关反应式: $Ca(OH)_2 + CO_2 \longrightarrow CaCO_3 + H_2O$ $CaCO_3 + CO_2 + H_2O \longrightarrow Ca(HCO_3)_2$(易溶) $2NH_4Cl + Ca(OH)_2 \longrightarrow 2NH_3$(气态)$+ CaCl_2$(易溶)$+ 2H_2O$
结晶类侵蚀作用	水中含有某些盐类,且含量达一定,与混凝土接触部分渗入混凝土内部,使水泥石水化,或与混凝土成分起化合作用,形成水化物及稳定的含水晶体,由膨胀引起胀裂破坏,从而影响混凝土的耐久性。有关反应式: $MgSO_4 + Ca(OH)_2 \longrightarrow Mg(OH)_2$(沉淀)$+ CaSO_4$ $3CaO \cdot Al_2O_3 + 3CaSO_4 + 32H_2O \longrightarrow 3CaO \cdot Al_2O_3 \cdot 3CaSO_4 \cdot 32H_2O$(钙矾石)

侵蚀作用类型	侵蚀作用特征
结晶、分解复合类侵蚀作用	水中含有某些一定量的化学成分,与混凝土成分、水泥石产生化学反应,分解类与结晶类侵蚀作用同时存在。往往由阴离子产生结晶类侵蚀,阳离子产生分解类侵蚀;水中不同的盐与水泥石产生不同的化学作用,有的产生分解类侵蚀,有的产生结晶类侵蚀。有关反应式: $(NH_4)_2SO_4 + Ca(OH)_2 \longrightarrow 2NH_3(气态) + CaSO_4 + 2H_2O$ $3CaO \cdot Al_2O_3 + 3Na_2SO_4 + 3Ca(OH)_2 + 32H_2O \longrightarrow 3CaO \cdot Al_2O_3 \cdot 3CaSO_4 \cdot 32H_2O + 6NaOH$ $MgCl_2 + Ca(OH)_2 \longrightarrow Mg(OH)_2(沉淀) + CaCl_2(易溶)$ $MgSO_4 + Ca(OH)_2 \longrightarrow Mg(OH)_2(沉淀) + CaSO_4(水化成晶体)$

表 3.9 环境水侵蚀作用评价标准

侵蚀作用类型	判定依据	侵蚀程度	界限指标	
分解类	溶出型 HCO_3^-浓度 /(mmol/L)	无侵蚀	$c(HCO_3^-) > 1.07$	
		弱侵蚀	$0.70 < c(HCO_3^-) \leqslant 1.07$	
		中等侵蚀	$c(HCO_3^-) \leqslant 0.70$	
		强侵蚀	—	
	酸性型 pH	无侵蚀	$pH > 6.5$	
		弱侵蚀	$6.0 < pH \leqslant 6.5$	
		中等侵蚀	$5.5 < pH \leqslant 6.0$	
		强侵蚀	$pH \leqslant 5.5$	
	碳酸型 侵蚀性CO_2浓度 /(mg/L)	无侵蚀	$c(CO_2) < 15$	
		弱侵蚀	$15 \leqslant c(CO_2) < 30$	
		中等侵蚀	$30 \leqslant c(CO_2) < 60$	
		强侵蚀	$c(CO_2) \geqslant 60$	
分解、结晶复合型	硫酸镁型 Mg^{2+}浓度 /(mg/L)	无侵蚀	$c(Mg^{2+}) < 1000$	
		弱侵蚀	$1000 \leqslant c(Mg^{2+}) < 1500$	
		中等侵蚀	$1500 \leqslant c(Mg^{2+}) < 2000$	
		强侵蚀	$2000 \leqslant c(Mg^{2+}) < 3000$	
结晶类	硫酸盐型 SO_4^{2-}浓度 /(mg/L)	无侵蚀	普通水泥 $c(SO_4^{2-}) < 250$	抗硫酸盐水泥 $c(SO_4^{2-}) < 3000$
		弱侵蚀	$250 \leqslant c(SO_4^{2-}) < 400$	$3000 \leqslant c(SO_4^{2-}) < 4000$
		中等侵蚀	$400 \leqslant c(SO_4^{2-}) < 500$	$4000 \leqslant c(SO_4^{2-}) < 5000$
		强侵蚀	$500 \leqslant c(SO_4^{2-}) < 1000$	$5000 \leqslant c(SO_4^{2-}) < 10000$

在根据表 3.8 进行环境水对大坝混凝土侵蚀作用评价时,应注意:①大坝混凝土一侧承受静水压力,另一侧暴露于大气中,最大作用水头与混凝土壁厚之比

大于 5；②混凝土建筑物所采用的混凝土抗渗标号不应小于 S_4，水灰比不应大于 0.6；③混凝土建筑物不应直接接触污染源，有关污染源对混凝土的直接侵蚀作用应专门研究。

3.6.2　幕后地下水析钙量估算

已有研究表明[27]，如上所述的坝址环境水存在的侵蚀作用类型具有地域性分布特点：其中的第一种类型，主要出现在我国东部及南方多数大中型水电站坝址区，这是因为在这样的地区坝前库水多为软水且重碳酸盐碱度低（即 HCO_3^- 浓度 $<1.07\text{mmol/L}$），故普遍存在对大坝混凝土（包括基础帷幕体）的溶出型侵蚀作用。

因此，坝址渗流过程中发生的溶解-沉淀作用成为区内水化学形成作用中最为普遍的一种作用，同时也成为区内液-固相之间发生物质转移的最为普遍的一种方式。这样，可以根据幕后地下水中某种或某些成分的增量（通过与补给源相比较）来估算来自固相介质的相应物质迁移量。

幕后地下水的析钙量（以 CaO 表示）是反映上游侧帷幕体防渗性能及时效的一个重要指标。通常有三个来源：一是补给源；二是与之相接触的岩石，如岩体结构面中的钙质胶结物、方解石细脉或方解石薄膜的溶解作用；三是帷幕体中水泥水化产物[如 $Ca(OH)_2$ 等]的溶失。显然，在具有软水特征的环境水作用下，必然使帷幕体中诸如 $Ca(OH)_2$ 一类水泥水化产物处于非稳定态而被溶出，从而导致帷幕体的防渗效果产生衰减。这样就可以用幕后地下水的析钙量这个指标来反映基础帷幕体的防渗时效。

考虑到对幕后地下水析钙量具有贡献的可能有多种来源的物质，可以采用化学计量方法来加以分离，也可采用多元统计分析方法建立水质模型来加以解释。据此，可采用如下表达式确定源于基础帷幕体的析钙量 ΔC：

$$\Delta C = k\Delta C' = k(C'' - C') \tag{3.66}$$

式中：$\Delta C'$ 为幕后地下水中总的析钙量，在数值上为幕后地下水中的钙含量（C''）与作为该部位地下水的补给源中相应物理量（C'）之差，mg/L；$k(\leqslant 1)$ 为折减系数，以反映对幕后地下水析钙量具有贡献的其他来源的物质所占的份额（无量纲），显然，若 $k \to 1$，表明幕后地下水中的析钙量主要源自基础帷幕体；若 $k \to 0$，则表明幕后地下水中的析钙量主要源自天然地质体。

根据式（3.66），就可以估算幕后地下水单位体积中的源于坝踵帷幕体的析钙量。显然，若有地下水质监测点位（通常为排水孔）的排水量资料，则可以估算相应部位某时段（如 $1a$）内的总析钙量。其表达式为

$$C = \Delta Clt$$

式中：C 为幕后地下水于某时段内总的源于基础帷幕体的析钙量，mg 或 kg；l 为排

水量$[L^3/T]$;而 t 为时间$[T]$。

　　显然,若有形成某坝段基础帷幕体的具体灌浆资料,包括所用的水泥材料以及添加剂等,则可依据式(3.66)来推求幕后地下水中源于基础帷幕体的总析钙量占上述坝段形成基础帷幕体所用总的水泥量的百分比(对于普通硅酸盐水泥,CaO含量一般在 65%~67%),并以此来推求帷幕体防渗失效的年限。这样的工作无疑是有意义的。

3.6.3　混凝土腐蚀综合测试与评价

　　前面论及的坝址环境水对于大坝混凝土的第二种侵蚀类型(即盐类)主要出现于某些特定的地质环境下,如位于黄河中上游地区的部分水电站(如八盘峡、盐锅峡以及李家峡等水电站)坝址区。根据水质检测资料,区内局部地下水中 SO_4^{2-} 含量高达 3000mg/L 及以上,不仅对普通硅酸盐水泥产生侵蚀作用,对抗硫酸盐水泥仍将产生侵蚀作用。

　　同上述第一种类型相比较,在具有第二种类型的环境水作用下,评价大坝混凝土受到腐蚀的性状及分布范围要显得复杂一些。因此,不仅需要分析区内水质的主要水化学特征,而且需要分析疑似部位混凝土本身的特征。前者用于揭示水-混凝土介质之间相互作用的机理,而后者则用于表征在渗流水质作用下混凝土结构可能发生腐蚀的迹象及程度,一般包括宏观和细微观方面。

　　就宏观方面而言,需要做的工作包括:现场探察以及必要时的勘探检查,如探槽检查或钻孔检查,以定性反映表层或一定深度范围内混凝土介质受到腐蚀的状况;在此基础上,采用一些原位测试方法,以进一步定性或定量化反映区内混凝土介质受到腐蚀的程度。例如,采用回弹法原位检测混凝土的强度,若推定强度值普遍低于或远低于设计值,则标志着相应部位混凝土已受到相对明显的腐蚀。又如,采用钻孔电视成像仪,原位观察混凝土性状于孔深范围内可能发生的变化,若发现胶结不致密,多孔隙、多麻面,或存在剥蚀等缺陷,则标志着相应部位的混凝土受到一定程度的腐蚀。再如,采用声波仪,原位检测混凝土的波速,若发现波速普遍呈明显的负异常,则表明相应部位混凝土已受到相对明显的腐蚀。当然,也可根据钻孔取芯的完整程度来判定混凝土是否受到腐蚀,若发现混凝土芯样明显破碎,其采取率及 RQD 值也明显低于其他段位,则表明相应部位混凝土也已受到相对明显的腐蚀。进行现场探察工作的另一项内容,就是采集具有代表性的各类样品,以便于对上述现象做进一步分析。

　　就细微观方面而言,多指室内条件下除了对于水样及析出物样的必要化验,还应重点对混凝土样品(多为芯样)进行多手段测试及化验分析工作。这些工作包括如下。

1) 化学成分测试

可采用 X 射线荧光光谱(X-ray fluorescence, XRF)分析方法对混凝土样品进行测试,以确定基本的元素组成,习惯上多以相关氧化物的质量分数表示。通过取自不同部位(如不同孔位或同一孔位不同深处)样品间所含元素及其含量的相似性及差异性分析,判定相应部位混凝土介质腐蚀与否及程度。若这样的样本数量达一定时,可对测试结果进行统计分析,以反映区内混凝土化学成分的空间变异程度。这里认为,这种变异多由混凝土介质受到腐蚀引起。

2) 基本矿物相测试

可采用 X 射线衍射(X-ray diffraction, XRD)方法对混凝土样品进行测试,根据特定矿物具有的衍射峰值,确定基本的矿物相组成。通过取自不同部位样品间所含矿物种类的相似性及差异性分析,判定相应部位混凝土介质腐蚀与否及程度。

3) 腐蚀产物测试

此方法实际上是上述基本矿物相测试的补充。对于混凝土受到环境介质的硫酸盐类腐蚀,重点是检测混凝土样中是否含有石膏($CaSO_4 \cdot 2H_2O$)及钙矾石($3CaO \cdot Al_2O_3 \cdot 3CaSO_4 \cdot 32H_2O$)等腐蚀产物——新矿物相。在实际工作中,可采用扫描电镜(SEM)并辅以能谱微区元素分析(EDAX)方法,测定样品中是否含有上述腐蚀类新矿物相,进而判定相应部位混凝土是否发生腐蚀及程度。

由于存在影响混凝土腐蚀的多个因素,因此需要采用如同上述的多种方法对采集的样品进行协同测试,以避免采用单一测试方法可能出现的不确定性。这里,以某水电站作为实例,介绍采用多种方法进行区内混凝土腐蚀综合测试及评价的基本流程。

该水电站位于西北黄河上游。大坝为混凝土双曲拱坝,坝长 414.39m,最大坝高 155m,坝顶高程 2185m;分为 20 个坝段,从右向左依次编号为 1♯～20♯,其中 7♯ 和 8♯ 坝段为右坝肩爬坡段,14♯ 和 15♯ 坝段为左坝肩爬坡段。1999 年底,水电站进入正常运行时期。坝址区出露前震旦系混合岩及片岩,其间穿插伟晶岩岩脉。根据最近 10 多年来的多批次水质化验资料,坝址渗流水中 SO_4^{2-} 含量一直比较高,以致普遍存在对于普通硅酸盐水泥的硫酸盐类侵蚀作用(SO_4^{2-} 浓度 > 250mg/L),局部还存在对于抗硫酸盐水泥的硫酸盐类侵蚀作用(SO_4^{2-} 浓度 > 3000mg/L)。因此,此类环境水作用下大坝基础混凝土潜在的腐蚀问题引起关注。

根据近期(2013 年 7 月)的现场调查,发现大坝基础高程 2035m 廊道两岸爬坡段(高程 2035～2059m)混凝土底板表层有腐蚀迹象:如局部混凝土表层毛糙,偶见有裸露的骨料,取样时发出的声音相对沉闷;在探槽部位,除见有钢筋之外,还有部分表层混凝土结构已受到破坏,呈相对松散状。据此,对爬坡段表层混凝

土腐蚀程度做了定性的区划(图 3.24):在左爬坡段较高部位(高程约 2059～
2048m,B 区),腐蚀程度呈现为轻微～弱,在较低部位(高程约 2048～2035m,A
区),呈现为强～中等;而右爬坡段较高部位(B 区),腐蚀程度呈现为中等,在较
低部位(A 区),则呈现为弱～无。为揭示上述部位一定深度范围内混凝土介质的
腐蚀状况,共布置了四组钻孔,孔深均在 10m 左右。其中,位于左爬坡段的有三组
九孔,有两组(ZZK4～ZZK9)分布于混凝土腐蚀相对严重部位(A 区),有一组
(ZZK1～ZZK3)分布于腐蚀相对微弱部位(B 区);位于右爬坡段的一组孔(YZK1～
YZK3),均分布于腐蚀程度为中等的部位(B 区)。而在本次勘探中开挖的两个探
槽均位于左爬坡段:其中 TC-1 紧邻 ZZK2 孔及一排水管开挖,TC-2 则紧邻 ZZK8
孔开挖,以揭露表层(0.25～0.40m)Ⅱ期混凝土可能受到腐蚀的状况。根据钻孔
芯样,左、右爬坡段表层 Ⅱ 期与位于之下的 Ⅰ 期混凝土界面埋深分别为 0.30～
0.85m、0.70～0.90m;而 Ⅰ 期混凝土与基岩界面埋深则分别为 4.70～7.60m、
6.75～8.20m。在对各钻孔混凝土芯样的完整程度做定性分析的基础上,共采集
了 30 个样品:左爬坡段有 3 个孔(ZZK1、ZZK5 和 ZZK9),各取 4 个样,计 12 个
样,余 6 个孔(ZZK2～ZZK4,ZZK6～ZZK8),各取 2 个样,计 12 个样;右爬坡段 3
个孔(YZK1～YZK3),各取 2 个样,计 6 个样。有关芯样的分布:取自各钻孔的第
一个样埋深均较浅,接近于 Ⅱ 期与 Ⅰ 期混凝土的界面;而第 2 个或第 4 个样则埋深
大一些,接近于 Ⅰ 期混凝土与基岩的界面。另外,在左爬坡段表层还采集了 3 个混

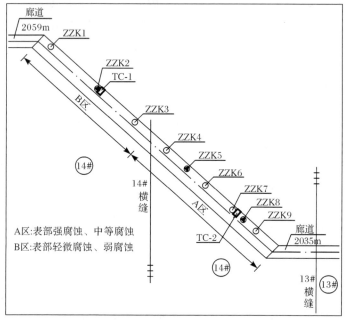

(a) 左岸爬坡段

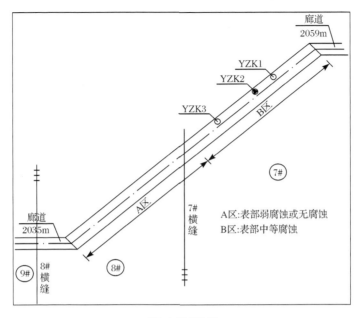

(b) 右岸爬坡段

图 3.24　某水电站坝基高程 2035m 廊道爬坡段混凝土表层腐蚀程度分区

凝土样：其中，一个样取自腐蚀程度较轻的 B 区，两个样则取自腐蚀程度较重的 A 区。

　　图 3.25 为区内不同期混凝土基本组成对比曲线。该图反映，在 Ⅰ～Ⅱ 期混凝土之间，其氧化物质量分数变化比较大的指标是：SiO_2、CaO、SO_3、Al_2O_3 和 LOI（烧失量）。同 Ⅰ 期混凝土相比较，表层 Ⅱ 期混凝土中的 SO_3 含量（17.7%）明显高于由钻孔揭示的 Ⅰ 期混凝土（1.02%）。由此可见，在硫酸盐类溶液侵蚀介质作用下，表层 Ⅱ 期混凝土发生腐蚀的程度明显强于位于其下的 Ⅰ 期混凝土。

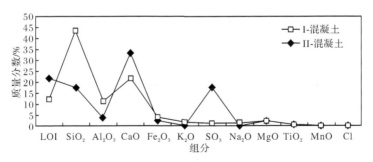

图 3.25　表层（Ⅱ 期）与较深部（Ⅰ 期）混凝土基本组成（均值）对比曲线

　　图 3.26 和图 3.27 分别为区内左爬坡段 ZZK9 孔位 4 个不同深度以及位于表

层 II 期混凝土芯样的 XRD 图谱。由图 3.26 可知,该孔位不同深处混凝土介质的主要矿物相均为 SiO_2、$CaCO_3$、$Ca(OH)_2$,而未发现硫酸盐类溶液侵蚀介质作用下可能形成的腐蚀相新矿物;而由图 3.27 可知,这 3 个混凝土样中均不含水泥石,表明位于表层的 II 期混凝土在具侵蚀性环境介质作用下已发生了一定程度的腐蚀。另外,取自 A 区的两个样(1-B 和 3-B)中均含有半水石膏($CaSO_4 \cdot 0.5H_2O$),这是混凝土受到硫酸盐类溶液侵蚀后形成的比较典型的新矿物。此种新矿物仅出现在 A 区,而在 B 区(2-B)未发现。这是 A 区混凝土硫酸盐类腐蚀严重于 B 区的一个矿物学标志。

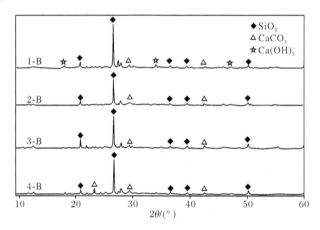

图 3.26　左爬坡段 A 区 ZZK9 孔位混凝土芯样 XRD 谱

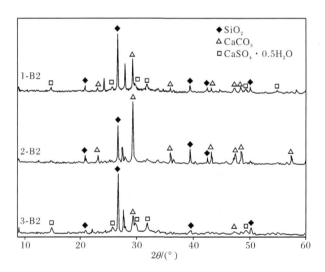

图 3.27　左爬坡段表层 II 期混凝土芯样 XRD 谱

1-B2 和 3-B2 位于 A 区,2-B2 位于 B 区

根据已有的研究[28]，上述混凝土中，如半水石膏类新矿物，仅形成于水溶液与硫酸盐类之间的饱和/过饱和状态下，同时还伴有钙矾石的形成；而钙矾石在未饱和状态下亦能形成。但在图 3.27 中，却未发现钙矾石类新矿物。其原因在于，在潮湿环境下尤其是在周期性干湿交替条件下，钙矾石类矿物能够被大气中的 CO_2 所分解，分解产物为方解石、石膏和铝胶。反应式如下：

$$3CaO \cdot Al_2O_3 \cdot 3CaSO_4 \cdot 32H_2O + 3CO_2 \longrightarrow$$
$$3CaCO_3 + Al_2O_3 \cdot xH_2O + 3CaSO_4 \cdot 2H_2O + nH_2O$$
(3.67)

为揭示区内混凝土在具有侵蚀性环境介质作用下可能形成的腐蚀产物，在测试混凝土样的主要矿物相(XRD)的基础上，还对左爬坡段 3 个钻孔的混凝土芯样(共 12 个)分别进行 SEM 和 EDAX 测试。图 3.28 为 ZZK9 孔位不同深处混凝土芯样的 SEM 照片，而图 3.29 则为与之相对应的 EDAX 谱。由此得出以下结论：

(a) ZZK9-1

(b) ZZK9-2

(c) ZZK9-3

(d) ZZK9-4

图 3.28　ZZK9 孔混凝土芯样的 SEM 照片

（1）该孔位 3 个样（ZZK9-2～ZZK9-4）中均含有相似形貌的晶形物，而不同于另一个样（ZZK9-1）；即前 3 个样中，均含有形貌相似钙矾石的棒状晶形物。

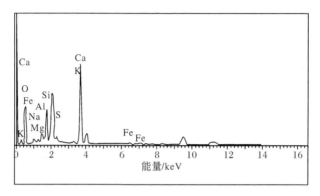

(a) ZZK9-1

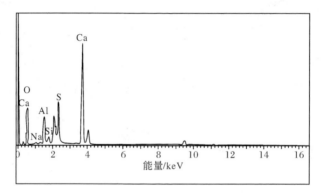

(b) ZZK9-2

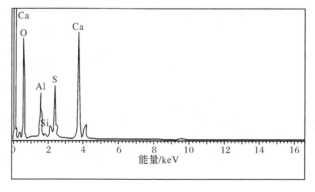

(c) ZZK9-3

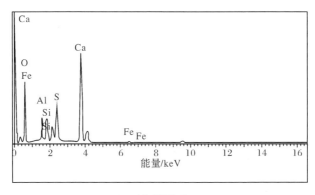

(d) ZZK9-4

图 3.29　ZZK9 孔混凝土芯样的 EDAX 谱

(2) 含有棒状晶形物及相邻部位的主要元素为 Ca、S、Al。这 3 个样(ZZK9-2～ZZK9-4)中,对应氧化物(CaO、SO_3、Al_2O_3)的质量分数之和分别达到 96.68%、98.85% 和 86.47%,而具备了构成钙矾石的基本元素及其含量。另一个样(ZZK9-1)中,主要元素为 Ca、Si、S,对应氧化物(CaO、SiO_2、SO_3)的质量分数之和达到 88.53%。

需要指出:钙矾石类腐蚀产物主要形成于混凝土中的孔隙内,此类孔隙多与相邻部位的孔隙之间具有一定程度的连通性;正是这种连通性,使得具有硫酸盐类侵蚀性的水溶液能渗入其中,并与周围的介质发生反应而形成新的物质。

为探讨区内混凝土腐蚀的形成机理,在现场工作期间还采集了混凝土取芯孔位的地下水样,为每孔一个样,计 12 个水样。表 3.10 为区内左、右爬坡段混凝土取芯孔位地下水的主要水化学特征统计。由此可知:

表 3.10　近期 12 个钻孔地下水主要水化学特征统计

取样孔位	SO_4^{2-} 浓度 /(mg/L)	HCO_3^- 浓度 /(mmol/L)	pH	TDS /(mg/L)	硬度 /(mg/L)	水化学类型
ZZK1	1253.00	0.02	11.50	2723.34	936.50	$SO_4 \cdot Cl-Ca \cdot Na$
ZZK2	1533.00	0.02	12.04	3062.29	1265.00	$SO_4 \cdot Cl-Ca \cdot Na$
ZZK3	3152.00	0.02	11.07	6007.12	2452.50	$SO_4 \cdot Cl-Ca \cdot Na$
ZZK4	2482.00	0.02	10.82	5013.43	2098.00	$SO_4 \cdot Cl-Ca \cdot Na$
ZZK5	2681.00	0.02	11.02	5390.60	2300.50	$SO_4 \cdot Cl-Ca \cdot Na$
ZZK6	3225.00	0.08	9.35	6031.75	2591.50	$SO_4 \cdot Cl-Ca \cdot Na$
ZZK7	2989.00	0.02	10.93	5907.18	2551.50	$SO_4 \cdot Cl-Ca \cdot Na$
ZZK8	2102.00	0.02	11.49	4334.61	1777.00	$SO_4 \cdot Cl-Ca \cdot Na$
ZZK9	2328.00	0.02	11.70	5024.45	40.64	$SO_4 \cdot Cl-Ca \cdot Na$

取样孔位	SO_4^{2-} 浓度 /(mg/L)	HCO_3^- 浓度 /(mmol/L)	pH	TDS /(mg/L)	硬度 /(mg/L)	水化学类型
YZK1	870.00	0.02	11.30	2043.21	14.00	$SO_4 \cdot Cl\text{-}Na \cdot Ca$
YZK2	186.00	0.02	11.86	642.44	3.23	$Cl \cdot SO_4\text{-}Na \cdot Ca$
YZK3	57.80	0.74	10.13	255.97	1.34	$SO_4 \cdot CO_3\text{-}Na$

（1）左爬坡段 9 个孔（ZZK1～ZZK9）位地下水中的 SO_4^{2-} 含量普遍比较高（>500mg/L），对普通硅酸盐水泥均存在强腐蚀作用，其中有 2 个孔位（ZZK3 和 ZZK6）地下水中的 SO_4^{2-} 含量大于 3000mg/L，以致对抗硫酸盐（侵蚀）水泥仍存在硫酸盐型腐蚀作用，占 22.22%；重碳酸盐碱度普遍比较低（<0.70mmol/L），存在中等程度的溶出型腐蚀作用。

（2）右爬坡段 3 个孔（YZK1～YZK3）位地下水中的 SO_4^{2-} 含量普遍低于左爬坡段，但之间呈现一定的变化：3 个孔中仅有 1 个孔（YZK1）位地下水存在对于普通硅酸盐水泥的硫酸盐型腐蚀作用，余 2 个孔位地下水不存在此类腐蚀作用；另外，这 3 个孔位地下水也存在程度不等的溶出型腐蚀作用。

（3）左爬坡段地下水的矿化程度明显强于右爬坡段。从显示的水化学类型而言，该部位 9 个孔位地下水中的 SO_4^{2-} 与 Ca^{2+}、Cl^- 与 Na^+ 这两组离子的含量不仅比较高、对 TDS 具有显著的贡献，并且之间还分别具有一定的相关性，表明其具有相似的物质来源。

混凝土硫酸盐腐蚀是一个复杂的物理化学过程。常见的硫酸盐有 Na_2SO_4、$MgSO_4$、$(NH_4)_2SO_4$、K_2SO_4 等。虽然整个过程中还包含此类盐结晶生长的物理过程，但习惯上将混凝土硫酸盐腐蚀（或侵蚀）归为化学侵蚀破坏。

在温度和湿度交替变化的环境中，由毛细吸附作用引起的混凝土水分蒸发、表层盐结晶破坏，实质是硫酸盐化学侵蚀破坏不断累积的结果。

在富含硫酸盐的环境水作用下，溶液中的 SO_4^{2-} 首先渗入水泥石中与 $Ca(OH)_2$ 作用生成硫酸钙；硫酸钙再与水泥石中的水化铝酸钙或单硫型硫铝酸钙反应生成三硫型水化硫铝酸钙（$3CaO \cdot Al_2O_3 \cdot 3CaSO_4 \cdot 32H_2O$，即钙矾石）。反应如下：

$$4CaO \cdot Al_2O_3 \cdot 19H_2O + 2Ca(OH)_2 + 3SO_4^{2-} + 14H_2O \longrightarrow \quad (3.68)$$
$$3CaO \cdot Al_2O_3 \cdot 3CaSO_4 \cdot 32H_2O + 6OH^-$$

$$3CaO \cdot Al_2O_3 \cdot CaSO_4 \cdot 18H_2O + 2Ca(OH)_2 + 2SO_4^{2-} + 14H_2O \longrightarrow$$
$$3CaO \cdot Al_2O_3 \cdot 3CaSO_4 \cdot 32H_2O + 4OH^-$$

$$(3.69)$$

当环境水中的 SO_4^{2-} 浓度较高时，水泥石中的氢氧化钙和水化硅酸钙还可直接受 SO_4^{2-} 侵蚀而生成石膏：

$$Ca(OH)_2 + SO_4^{2-} + 2H_2O \longrightarrow CaSO_4 \cdot 2H_2O + 2OH^- \tag{3.70}$$

$$3CaO \cdot 2SiO_2 \cdot 3H_2O + 3SO_4^{2-} + 8H_2O \longrightarrow \tag{3.71}$$

$$3(CaSO_4 \cdot 2H_2O) + 6OH^- + 2SiO_2 \cdot H_2O$$

钙矾石和石膏的溶解度都很小,而且结合了大量的结晶水,以致在上述反应前、后的固相体积增加两倍以上,导致在混凝土中结晶、聚集过程中产生了极大的膨胀应力,从而使混凝土结构开裂破坏。生成的 OH^- 进入水中,可与可溶性金属阳离子结合,不断地被渗流带走,使得相应部位碱度不断降低,并引起水化凝胶体的脱钙分解,从而导致水泥石强度逐渐丧失。

另外,来自环境水中的 HCO_3^-（还包括 CO_3^{2-} 以及溶解状 CO_2）与混凝土中的水泥水化产物[如 $Ca(OH)_2$ 等]反应生成碳酸钙,也可导致碱度降低,引起 CSH 凝胶体的分解:

$$Ca(OH)_2 + HCO_3^- \longrightarrow CaCO_3 + H_2O + OH^- \tag{3.72}$$

在环境温度较低条件下（$0 \sim 10℃$）,以上硫酸盐、碳酸盐侵蚀产物会与水化硅酸钙 CSH 凝胶体在过量水的存在下发生反应,生成无胶凝性的硅灰石膏晶体。此反应过程非常缓慢,但它可直接将水泥石中的主要胶结材料 CSH 相转变为无任何胶结性的泥状体,引起的侵蚀破坏危害性更大。

研究表明,在硫酸盐溶液作用下混凝土中并非总是可以形成石膏类新物质。只有在一定的条件下,如当水溶液与硫酸盐类之间的反应状态呈饱和/过饱和状态时,或当 SO_4^{2-} 浓度 $>1400mg/L$ 以及 $pH<12.45$ 时,才可能会发生如式（3.70）所示的反应过程;而当 $pH>12.90$ 时,则难形成 $CaSO_4 \cdot nH_2O$。

由表 3-10 可知,左爬坡段 9 个混凝土芯样孔中有 8 个孔位地下水中的 SO_4^{2-} 浓度 $>1400mg/L$,且有 $pH<12.45$;而右爬坡段 3 个混凝土芯样孔位地下水中的 SO_4^{2-} 浓度 $\ll 1400mg/L$。因而认为,在前一部位多数孔位混凝土介质中可能出现石膏类硫酸盐腐蚀作用的产物,而在后一部位则不会形成此类新物质。

由于混凝土结构孔隙水溶液中除了含有上述的 Ca^{2+}、SO_4^{2-} 两种离子,通常还含有其他一些离子,后者的存在及含量变化所产生的离子效应,会使得液-固相间相互作用过程中形成的诸如石膏类新物质的平衡点（或饱和临界点）位置发生变化。考虑了这种离子效应,进行上述 12 个混凝土芯样孔位地下水溶液与硫酸盐类之间反应状态的量化分析,如图 3.30 所示。由该图可知,左爬坡段有 7 个孔位地下水溶液与石膏类硫酸盐之间的反应状态为过饱和（SI >0）,占 77.78%,有 2 个孔位液-固相间反应状态为非饱和（SI <0）,占 22.22%;右爬坡段 3 个孔位液-固相间反应状态均为非饱和,并相对远离饱和状态。

综上所述,从化学热力学的角度,由具体的水质化验资料量化解析了不同孔位地下水溶液与上述盐类之间的反应状态,并由此可大致判定相应部位是否有新物质的形成。

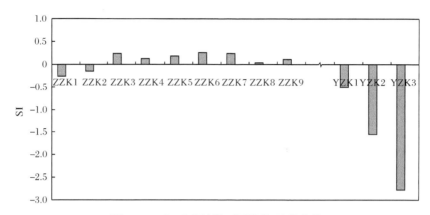

图 3.30　左、右爬坡段不同孔位 SI 值变化

事实上,水溶液中除了上述 pH、SO_4^{2-}、HCO_3^- 浓度等指标对混凝土会产生具有不同机理的腐蚀作用,其他指标也会对其产生程度不同的腐蚀作用。

根据不同阳离子与混凝土中水泥石相互反应时产生的新物质的性质,可以分为以下三组:

第 I 组为可生成易溶性氢氧化物的,如 Na^+ 和 K^+。

第 II 组为可生成相对低溶性氢氧化物的,如 Ca^{2+} 和 Mg^{2+}。

第 III 组为可生成挥发性或中性化合物的,如 NH_4^+ 和 H^+。

根据表 3.10,区内左、右爬坡段 12 个混凝土芯样孔位地下水与硫酸钠、硫酸镁类物质间反应状态均处于非饱和状(SI<0),表明相应部位不会生成此类新物质。但在受到此类硫酸盐溶液腐蚀而未破坏的水泥石中,由于置换反应可生成石膏。由此类反应可导致石膏开始结晶的临界浓度:对于 $NaSO_4 \cdot 10H_2O$ 溶液,为 1980mg/L;对于 $MgSO_4 \cdot 7H_2O$ 溶液,为 1800mg/L。而根据具体的水质化验资料(略),认为区内左爬坡多数孔位水溶液中因具有较高的硫酸钠浓度而对与之相接触的部位可能形成的石膏类新物质有贡献。

综上所述,渗流水质作用下区内大坝基础局部混凝土受到腐蚀的现象具有比较复杂的机理,同时也受到多因素的影响。

3.6.4　混凝土腐蚀的影响因素分析

根据上述分析,自然界中存在着影响混凝土结构及材料发生腐蚀的众多因素。其中,就主要的影响因素而言,大致可分为如下三个方面:

(1)具侵蚀性的介质与混凝土(构件)之间的接触状态。

(2)侵蚀性介质本身的特性。

(3)混凝土(构件)本身的特性。

首先,探讨第一个方面。此又可分为以下两种状态:一是混凝土结构永久性地部分浸泡在侵蚀性溶液中,即处于最低地下水位以下;二是结构受侵蚀性介质周期性干湿交替作用的影响,即处于地下水位波动带及其以上部位。对于前一种状态,混凝土受到腐蚀的强度取决于侵蚀性组分渗透到混凝土中的动力学过程。显然,作为低渗透性的多孔介质,混凝土中单个孔隙的大小及其之间的连通性均影响此类介质的渗透性。而当地下水位具有一定埋深时,处于浸泡状态的渗透动力学过程也取决于水的蒸发强度以及混凝土毛细孔的渗透性。此时,混凝土的外露表面积、侵蚀性溶液液面到混凝土外露表面的距离,以及外部条件(如空气的温度和湿度等),对侵蚀性溶液在混凝土内部的运动也起重要作用。对于后一种状态,即干湿交替作用状态,由于毛细力作用的结果,当混凝土浸湿时,侵蚀性介质就被吸入混凝土内部;而当干燥时,由于"灯芯效应",侵蚀性介质又向混凝土表面转移而发生蒸发。这种在干湿交替状态下发生腐蚀的强度一般多大于前一种状态。这是因为在饱和状态下,部分反应发生在溶液中,一般对混凝土结构造成的破坏比较小;而在干湿交替部位,发生的反应多由固相介质参与,因此造成的破坏比较大。

作为影响混凝土介质腐蚀的第二个因素就是侵蚀性介质本身。已有的研究表明,不同的侵蚀性介质具有不同的侵蚀(或腐蚀)作用类型,如前论及的酸性型、碳酸型及硫酸盐型等侵蚀作用。研究发现,当与混凝土中水泥石接触的水溶液中,SO_4^{2-} 含量达到 250mg/L 时,钙矾石(水合硫铝酸钙)类新物质就开始生成,但数量不多;当 SO_4^{2-} 含量达到 500mg/L 及以上时,钙矾石类新物质生成的数量开始增多;而当 SO_4^{2-} 含量达到 1500mg/L(相当于石膏饱和溶液中该组分的含量,此时亦假定孔隙被氢氧化钙溶液饱和)时,钙矾石类新物质生成的数量开始明显增多。而在 SO_4^{2-} 浓度达到 1500mg/L 时,石膏($CaSO_4 \cdot 2H_2O$)类另一新物质开始生成,并趋于结晶,从而导致相邻部位混凝土的破坏。事实上,上述石膏类新物质开始结晶的极限浓度不是一个定值。这是因为常规的硅酸盐或铝硅酸盐水泥(多碱)于水解时生成的氢氧化钙,在液-固相间相互作用过程中发生浸析或置换反应而被消耗了,从而导致孔隙溶液中的氢氧化钙浓度下降、石膏开始结晶时的极限浓度相应提高。另外,侵蚀性溶液一般含有多组分,由于离子效应,石膏类新物质开始结晶的极限浓度通常也不是一个定值。如氯离子,它不参与钙矾石类新物质的生成反应,但能够提高水泥石和石膏的可溶性,因此在其他条件相同的情形下,此类溶液的侵蚀性就降低了。可见,混凝土腐蚀的机理之所以比较复杂,很大程度上与侵蚀性介质本身的特性有关。

如果认为上述两个因素是影响混凝土腐蚀的外因,那么混凝土本身的特性是内因。有关混凝土本身的特性通常包括基本物质组成和密实度等方面。研究表明,采用抗硫酸盐水泥可明显提高此类混凝土的抗蚀性,但只有当其全部浸入具侵蚀性的硫酸盐溶液中才会产生预期的效果;而在呈现周期性的干湿交替部位,抗蚀性就会差一些,甚至远差于预期。就密实度而言,与施工过程有关。显然,作为低渗透性的多孔介质,若越密实,则单个孔隙的体积越小,孔隙之间的连通性就差,此类介质所具有的渗透性就弱,其抗蚀性就越强;反之,其抗蚀性就越弱。可见,在其他条件相同时,混凝土的施工质量是保证其抗蚀性能的重要一环。

第4章 渗水析出物分析

根据现场调查,发现运行工况下为数较多的水电站大坝坝址不同部位伴随着渗水而出现胶状物质,简称析出物。此类物质大多分布在大坝基础廊道或坝肩平硐等部位,多数源于幕后排水孔并形成于孔口及附近;或直接源于岩体裂隙,在渗水溢出处以扇形状堆积。其颜色一般可分为棕红色、黑色、白色或三者之间的混合色,取决于所含的化学成分及含量高低。另外,也发现少数水电站大坝坝体(主要指碾压混凝土坝,简称RCC坝)本身除相对普遍地出现流白浆或霜斑(efflorescence)外,局部伴随着坝体渗水,在坝体表面还出现了其他颜色的析出物。此类析出物的潜在影响也值得关注。

已有的研究表明,坝址渗水析出物是蓄水条件下区内液-固相(包括天然岩石以及各类工程材料等)系列间相互作用的产物[29~33]。这种相互作用通常包括机械潜蚀作用(简称物理作用)、化学侵蚀作用(简称化学作用)或两者并存的耦合作用(简称物理-化学作用)。显然,不同成因的析出物对基础岩体的渗透稳定性、帷幕体的防渗性能等方面具有不同的影响程度。

本章介绍的主要内容包括渗水析出物的基本特征以及形成机理、析出物的检测方法以及析出物的潜在影响评价等方面。

4.1 析出物的基本特征

析出物的基本特征包括分布特征、物质组分特征、物理-化学特征以及宏观、微观特征等方面。

4.1.1 析出物的分布特征

按照具体的出露位置,可分为坝基及坝体析出物两类。

坝基析出物指坝踵帷幕体后排水孔口以及直接从岩体结构面中出现的胶状物质。在对多座水电站坝址的现场调查过程中发现,此类析出物普遍具有不均一的分布特点:多分布在河床坝段部位,此现象与该部位幕后排水孔口的较低高程而普遍处于溢流状态有关。另外,对于设有多条廊道的部分水电站大坝,发现灌浆廊道帷幕体后排水孔出现析出物相对普遍,而位于下游侧的排水廊道出现析出物则相对不普遍。

现场调查还发现,少数水电站坝址区除大坝基础廊道部分排水孔口出现析出物之外,两岸平硐内也出现此类物质,如紧水滩、李家峡以及龙羊峡水电站等。坝址区不同部位析出物的形成及分布特征与区内地下水系统的补、径、排条件以及动态特征有关。

坝体析出物出现在坝体渗水之处,一般位于大坝的下游一侧或廊道的侧面墙壁或顶拱部。对于常态混凝土坝,坝体析出物相对单一,以流白浆为主;但对于RCC坝,坝体析出物则复杂些,即在一定条件下既出现类似于常态混凝土坝的析钙现象,也可能出现其他颜色的析出物,如棕红色及黑色等。后一类析出物的分布多与坝体结构存在的缺陷部位(如施工层面以及次生的裂缝等)相一致。

4.1.2　析出物的物质组成

根据多个实例的现场调查,坝基析出物中呈白色者分布最普遍;棕红色次之;黑色相对不普遍;还有部分呈混合色。

多座水电站多批试样的测试结果反映,坝基析出物的物质组成具有如下特性:

(1) 不同颜色的析出物具有不同的主化学成分。其中,棕红色一般以 Fe_2O_3 为主;黑色以 MnO 为主;白色则以 CaO 为主,并且烧失量(LOI)大。析出物中的烧失量大,表明含有较多的碳酸盐类物质,由 CO_3^{2-} 在燃烧过程中以 CO_2 气体逸出所致;或表明析出物中含有较多的有机质。后一种情形通常在对区内地质薄弱体或坝基帷幕体进行了化灌补强之后才可能出现。

(2) 不同坝址但颜色相同的析出物之间,主化学成分虽相同但含量往往存在差异,主要与不同坝址存在的岩性、岩相等方面的差异有关。

(3) 析出物中还含有其他一些常量元素,如 Si、Al、Mg、Ti、K、Na、P 等。不同颜色析出物中不同元素含量的变化趋势如图 4.1 所示。同棕红色、黑色析出物相比较,白色析出物中上述常量元素的含量相对低一些。

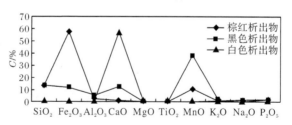

图 4.1　代表性颜色析出物中的常量元素变化趋势

另外,据了解,我国有多座水电站曾对大坝基础或坝肩部位在进行常规的水泥灌浆之后,针对局部存在的防渗缺陷实施了化学灌浆补强工程。这些水电站包括龙羊峡、李家峡、二滩、白山、红石、池潭、陈村以及水东等,所用的化学材料包括丙凝、中化-798 以及 LW、HW 水溶性聚氨酯等。此类化学灌浆材料多通过与被灌介质之间的化学胶结、惰性填充等作用来达到被灌部位防渗的效果,但可能存在时效性。有关配方及质量指标见表 4.1～表 4.6。

丙凝浆是一种含水凝胶体。原材料由丙烯酰胺 $CH_2 \!=\! CHONH_2$(主剂)、甲撑双丙烯酰胺(交联剂)、三乙醇胺(促进剂)、过硫酸铵 $(NH_4)_2S_4O_8$(引发剂)、铁氰化钾(阻凝剂)和水(溶剂)等组成。丙凝含水凝胶具有不溶于水、抗渗、抗挤出、高弹性、吸水膨胀性等特点,但抗压强度不高;未聚合的丙烯酰胺单体可以溶解于水。待灌的丙凝浆液一般由甲液和乙液按一定配比混合而成,见表 4.1。

表 4.1　丙凝浆液配合比

浆液	类别	配比/%	备注
甲液	丙烯酰胺	9.5	溶解双丙烯酰胺时需用≤60℃热水搅拌
	双丙烯酰胺	0.5	
	三乙醇胺	0.4	
	铁氰化钾	0.024	
乙液	过硫酸铵	0.5	

中化-798 浆材是一种具有高渗透性的灌浆材料,具有较好的物理力学指标。其特点为:可灌性好;力学指标高;安全性、稳定性好;无毒性、不污染环境;单液灌注、工艺相对简单。原料由呋喃类—环氧体系、丙酮、糠醛、P1、P2、D1、D2 等组成。常用的灌浆配方见表 4.2,有关原材料的各项质量指标见表 4.3～表 4.5。

表 4.2　中化-798 灌浆配方

材料名称	环氧树脂	丙酮	糠醛	P1	P2	D1	D2	备注
质量比	100	50	85	3	5	15	0.8	慢浆
质量比	100	50	85	3	5	15	2.4	快浆

表 4.3　环氧树脂质量指标

项目	质量指标
色泽号	3
软化点/℃	20
环氧值/(cp/100g)	0.45
有机氯值/(cp/100g)	0.007
无机氯值/(cp/100g)	0.0003
挥发物(110℃,3h)/%	0.5

表 4.4 丙酮质量指标

项目	质量指标		
	优等品	一等品	合格品
色度	≤5	≤5	≤10
密度(20℃)/(g/cm³)	0.789~0.791	0.789~0.792	0.789~0.792
蒸发残渣	≤0.002	≤0.003	≤0.005
酸度(以乙酸计)/%	≤0.002	≤0.003	≤0.005
高锰酸钾试验(25℃)/min	≥120	≥80	≥35
水分/%	≤0.30	≤0.40	≤0.60
水混溶性	合格	合格	合格
纯度(质量分数)/%	≤99.5	≤99.0	≤98.5

表 4.5 糠醛质量指标

项目	质量指标
外观	透明液体,无悬浮物
色度	<0.008
密度(20℃)/(g/cm³)	≤0.02
糠醛含量/%	≥98.5

室内试验反映,中化-798 胶体材料具有一定的径向膨胀率(0.455%~1.825%)、轴向膨胀率(0.219%~0.293%)以及体积膨胀率(0.762%~2.094%)。另外,试样经过一段时间后,水溶液由橘黄色变成淡红色,显示其中含有一定量的中化-798 胶体材料已经析出。

LW 水溶性聚氨酯的组成原料为 LW 预聚体、丙酮及乙酰氯等,其灌浆液由异氰酸酯和 WPE 水溶性聚合醚合成而得,并加有增韧剂和稀释剂等。由此形成的浆液及聚合体具有如下性能:黏度为 45cP(1cP＝1mPa·s)而大于 HW,当 LW+20%丙酮时,为 93cP;相对密度为 1.08,呈琥珀色透明液体;凝胶时间为几秒至几十分钟,受水的 pH 影响,如 pH<7.0,凝胶时间明显减缓;不同状态时具有不同的黏结强度,干缝为 $17×10N/cm^2$,湿缝为 $7×10N/cm^2$;具有良好的弹性,扯断强度为 $21.6×10N/cm^2$,伸长率$(L-L_0)/L_0$ 为 273%,永久变形近似为零;10%浆液固砂体的渗透性为 $1.8×10^{-9}cm/s$。由 LW 水溶性聚氨酯构成浆液的一般配方见表 4.6。

根据室内试验,此类材料于前 24h 期间各种膨胀率变化最大,之后膨胀速度减缓,径向膨胀率大于相对应的轴向膨胀率(与中化-798 有相似之处);极限拉伸率达 1100%以上,显示具有较强的拉伸性能。另外,在试验过程中还发现,经过一段时间水溶液变成绿色,此后试样两端出现径向开裂,有的甚至出现轴向纵裂。

表 4.6 LW 水溶性聚氨酯灌浆配方

材料	作用	质量比
LW 预聚体	主剂	100
丙酮	主剂	70
乙酰氯	缓凝剂	2~3
水	固化剂	1

由于上述化学材料具有比较特殊的性质,一般均具有较好的可灌性,因此在当时均得到比较理想的防渗补强效果。在实际工作中,为监测此类加强帷幕体在长期动水作用下的防渗耐久性,除了需要进行常规的幕后渗流宏观动态的观测,还需要在日常的巡视检查工作中观察幕后是否有析出物出现,以及此现象随时间的变化,如分布范围及析出量等。对此,除对试样应进行无机化学成分的测定,还应测定有机化学成分,借此反映幕后析出物与帷幕体化灌材料之间是否存在物质上的关联,以揭示其防渗性能可能发生衰减的机理。

4.2 析出物的形成机理

如前所述,蓄水条件下坝址区渗水析出物是在一定地质、水文地质环境下液-固相系列间相互作用的产物,但不同类型的析出物具有不同的物质来源以及形成机理。主要包括以下四个方面。

1. 溶解-沉淀作用

坝址渗水析出物中的钙质即由此类作用所致。关于物质来源,认为除补给源之外主要来自以下两个方面:①源于基础岩体中的碳酸盐类物质;②源于大坝混凝土及坝踵帷幕体中的水泥水化产物。前者多以方解石细脉、钙质薄膜或作为充填物的钙质胶结物出现于作为渗径的结构面中。当含有一定量侵蚀性 CO_2 的坝前库水在渗压作用下向坝基运移时,可与此类物质发生溶解反应;即便在纯水中,此类物质仍具有一定的溶解性。后者在具有不同水质特征的环境水作用下,$Ca(OH)_2$ 一类水化产物也具有溶解性,所不同的仅是程度上的差异。在具有一定含量的侵蚀性 CO_2 的环境水作用下,可发生如下反应:

$$Ca(OH)_2 + CO_2 + nH_2O \longrightarrow CaCO_3 + (n+1)H_2O$$

$$CaCO_3 + H_2CO_3 \longrightarrow Ca(HCO_3)_2 \tag{4.1}$$

若由此生成的重碳酸盐未发生流失,则可继续与 $Ca(OH)_2$ 接触,并使之碳化。由于该碳化层物质在软水中仍具有一定的溶解性,因而位于其内的水泥结石仍将受到进一步的溶蚀。若此类物质发生流失,则在坝体渗水处或坝基地下水系统的排泄区(或排泄点)由于水环境的变化(如压力的降低或温度的升高),可形成析出物。有关反应式为

$$Ca(HCO_3)_2 \longrightarrow CaCO_3 \downarrow + H_2O + CO_2 \uparrow \qquad (4.2)$$

另外,若区内局部渗流滞缓,则有利于水溶液趋于饱和并呈碱性化,而当水溶液的饱和指数 SI≥1(SI 反映水溶液与碳酸盐类物质间的反应状态),可发生如下反应而形成析出物:

$$Ca^{2+} + CO_3^{2-} \longrightarrow CaCO_3 \downarrow \qquad (4.3)$$

根据多批次样品的化验结果,坝基不同颜色的析出物中还含有一定量的 SiO_2。究其物质来源,认为主要源自岩体中一些硅酸盐和铝硅酸盐类矿物的异元溶解过程[8]。在此过程中,SiO_2 多呈胶体在水中迁移并以胶态淋出;也有少部分呈离子态,即岩石中的晶质、非晶质 SiO_2 经水解形成偏硅酸,进一步离解以 SiO_3^{2-} 迁移,从而为坝址渗水析出物的形成提供一个物质来源。

2. 还原-氧化-絮凝作用

渗水析出物中的铁、锰质即由此类作用所致。关于其物质来源,除局部可能与工程材料(如排水孔中的钢管等)的锈蚀有关,其他主要来自岩体中。此类物质尽管在一般岩石中含量不高,但由于构造应力的作用,可相对富集于岩体结构面中,一定条件下可成为区内棕红色及黑色析出物的物质来源。

蓄水条件下,坝址地下水系统总体上是向着还原环境演变的,因而有利于岩体结构面中的铁、锰质发生淋滤分解作用,而以低价的离子或以低价的游离氧化物进入水溶液中,并随之运移。当地下水流出排水孔口或直接源于岩体结构面而处于氧化环境时,水中的低价离子变成高价离子,低价氧化物(胶粒)变成高价难溶的氢氧化物(凝胶),进而以肉眼可见的析出物出现。与形成棕红色析出物相关的反应过程可归纳为

$$Fe^{2+} \longrightarrow Fe^{3+} + e^-$$
$$Fe^{3+} + 3H_2O \longrightarrow Fe(OH)_3 + 3H^+$$
$$4Fe(OH)_2 + 2H_2O + O_2 \longrightarrow 4Fe(OH)_3$$
$$2Fe(OH)_3 \longrightarrow Fe_2O_3 \cdot 3H_2O \downarrow \qquad (4.4)$$

与形成黑色析出物相关的反应过程亦可归纳为

$$Mn^{2+} + 0.5O_2 + H_2O \longrightarrow MnO_2 \downarrow + 2H^+$$
$$2Mn(OH)_2 + O_2 \longrightarrow 2MnO(OH)_2 \downarrow$$
$$Mn(OH)_2 + 2OH^- \longrightarrow MnO_2 \downarrow + 2H_2O + 2e^- \qquad (4.5)$$

现场调查发现,凡出现棕红色及黑色析出物的排水孔内地下水均具有 Tyndall 效应,表明所在孔内水溶液实际上是一种含有胶粒的胶体溶液。由于胶

粒本身颗粒细小($1\sim100$nm),比表面积可达 $10\sim70$m^2/g,因而具有很强的吸附以及化学反应活性,另外也容易形成团聚体。而当水环境由相对封闭的还原环境变为开放的氧化环境时,这种转变有利于水溶液中胶粒间的彼此吸引,而发生絮凝作用。

因此,上述棕红色及黑色析出物中的铁、锰质是呈无定形状析出的,而不同于白色析出物中钙质析出的形态。以何种形态析出,主要取决于析出物形成过程中的凝结速度和定向速度。若前者大于后者,则生成无定形沉淀;若后者大于前者,则生成结晶状沉淀。凝结速度与饱和度成正比,而定向速度是指分子或离子以一定的方式在晶格中排列的速度,它主要取决于物质极性的大小。例如,$CaCO_3$ 等由于分子小、极性大,因此定向速度快,能生成结晶状沉淀;而 $Fe(OH)_3$ 等由于含羟基多(还有水分子结合在其中),结构复杂,分子极性较小,且溶解度甚微,因此凝结速度远大于定向速度,因而容易形成无定形结构的析出物。

3. 浸析作用

一定条件下,坝址渗水析出物中可能含有某些特殊物质,如有机质基团,即由浸析作用所致。析出物中此类特殊物质的出现,一般与采用的非常规工程材料有关。图 4.2 为某水电站 6♯坝段幕后一排水孔位(G6-4)析出物的红外光谱图。据了解,曾采用水溶性聚氨酯作为化灌材料对该坝段上游侧帷幕进行局部补强;但一段时期后,在下游侧出现了不同于其他坝段的析出物。

对于图 4.2 的有关解析如下:波数在 1085cm^{-1} 以右,由醚类化合物的 C—O—C 的不对称伸缩振动产生;在 1620cm^{-1} 附近,由固态仲酰胺 C ═O 伸缩振动产生;在 2925cm^{-1} 附近,由亚甲基中 C—H 不对称伸缩振动产生;而在 3400cm^{-1} 附近,则由仲酰胺中 N—H 伸缩振动产生。据此认为,该析出物试样中检出的上述基团,源于上游侧加强帷幕体中化灌材料的析出。由此也为评价该坝段化灌加强帷幕的防渗性能提供了来自相关物质方面的证据。

4. 其他

除了上述作用,渗水析出物还可能存在其他成因,如地质薄弱体(软弱夹层、断层破碎带等)部位局部细小颗粒于渗流作用下的带出等。此类作用的发生,多以化学作用为先导,如环境水首先与地质薄弱体中充填物的胶结物(往往具有一定的溶解性)发生溶蚀作用,而使得作为充填物颗粒间的连接力逐渐减弱甚至丧失,从而导致地下水系统内局部渗透变形的发生,并为排泄区(或点)析出物的形成提供物质来源。

对于 RCC 坝体非白色析出物中出现的一定含量的 Fe_2O_3 和 SiO_2,认为此类组分主要来源于坝体材料中水合亚铁酸盐和水合硅酸盐类物质于一定条件下的

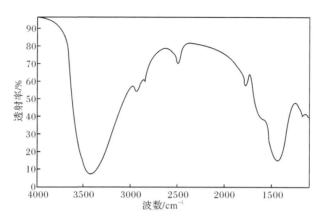

图 4.2　G6-4 孔位析出物的红外光谱

析出,即当 Ca(OH)$_2$ 浓度低于某一临界值时[34]。

4.3　析出物的检测方法

必须指出,对坝址析出物及潜在影响的分析、评价,其内容涉及多个方面。其中,一个很重要的方面就是如何对其进行有效的检测。归纳起来,在实际工作中可以采用如下检测方法[35]。

4.3.1　化学成分分析法

化学成分分析法亦称为矿物成分分析法,目的在于了解析出物的物质组成及含量。分析结果可以元素的氧化物表示,也可以元素表示。在析出物物质组分含量的表示方面,通常也有两种:一种以相对含量表示,即以质量分数表示;另一种则以绝对含量表示,即以 mg/kg 表示。实际工作中,用前一种方法表示要直观一些。当然,若以这种方法表示分析结果,一定要对试样做化学成分全分析。

另外,上述分析法中还应包括烧失量测试,在于揭示烘干试样在 550℃ 高温下烧灼至质量不变时所失去物质的质量与烘干时质量的差异,两者之间的比值即为烧失量。一般由所含的有机质等挥发性组分以及碳酸盐类物质等组成。

在实际工作中,多采用 X 射线荧光光谱(XRF)分析法,用于析出物化学成分的分析。它是一种非破坏性的样品分析方法。

该方法的基本原理可归纳为:当钨、铜、钼等金属做阳极的 X 射线管发出的连续一次 X 射线照射样品时,样品中的待测元素将产生二次特征 X 射线(即荧光 X 射线),然后通过对二次特征 X 射线进行波长或能量谱的分离与强度的测试,从而完成定性与定量分析。

　　该分析方法具有以下特点：①可进行分析测试的元素范围广泛，除了少数轻元素（即原子序数 $Z \leqslant 4$），理论上几乎所有的元素都能分析；②元素的特征二次 X 射线谱简单、干扰少，即使元素的化学键性质发生变化，其特征 X 射线的波长与能量也基本不变；③可分析的浓度范围比较宽，仪器检出限达到 $10^{-7} \sim 10^{-6}$，因而适用于宏量与半微量分析；④样品的制备比较简单，分析的重现性也比较好。

　　在实际工作中，为保证分析结果的精度，对于样品的制备还是有一定要求的。可归纳为：①要求样品具有一定的厚度。在试验中，荧光 X 射线的信号是来自一定深度的样品层的总体效果，X 射线的穿透深度与其波长和物质的吸收特性有关。②样品表面应具有一定的光洁度。因为除了样品的基体组成、性质之外，样品表面的光洁程度也对次生 X 射线的强度计数产生比较显著的影响。漫反射与散射均可使仪器对待测元素的检测效率明显下降。在试验中，一般要求由辐射表面的凹凸程度引起的强度损失应控制在 10％ 以内。③样品需要粉碎。其粒度应小于 $100\mu m$，且应充分混合，再进行压片处理。据了解，对于烘干后的析出物试样，其粒度一般满足不了这一要求。可用碾来对有关试样进行碾磨，以满足粒度要求。④避免样品测试过程中的沾污与损失。⑤经过预处理的样品置于仪器中待测的位置应固定。当样品的位置偏差超过 2mm 时，会引起明显的强度误差。

　　能谱分析法也可用于析出物的基本组成测试。同传统的化学成分分析方法相比较，应用此种方法的一大优点是可不必对所测样品进行全分析，而只需对感兴趣的指标进行测试。

　　该分析法所用的仪器，包括样品室、探测器、前置放大器与放大器、信号检测与输出以及辅助设备等。该方法还具有以下特点：①样品不经过破坏（如分解或熔融）就可直接进行分析，而且样品测定的类型与分布范围广泛。②选择性好，抗干扰能力强，并可以进行样品中多种元素的同步测定。③样品待测物质的浓度范围比较宽，从宏量到痕量都可以测定。

4.3.2　颗粒分析法

　　对析出物试样进行颗粒分析，在于了解颗粒的细观形态，如颗粒大小及级配。由于析出物试样的颗粒都很细小，宜采用土力学中的密度计法或移液管法进行颗粒分析。这两种方法均适用于粒径小于 0.074mm 试样的颗粒分析[36]。

　　根据已有的研究，认为对于典型的地下水化学潜蚀作用所产生的析出物，多以胶粒为主，即粒径小于 0.002mm 的颗粒应占 50％ 以上；若析出物的粒径中，$d < 0.002mm$ 的远小于 50％，则不应是典型的化学潜蚀作用的产物。可见，对析出物试样进行颗粒分析，有助于对其进行成因方面的探讨。

4.3.3　X 射线衍射分析法

根据已有的研究,由典型的地下水化学潜蚀作用所产生的析出物,在 XRD 图谱上通常无明显的衍射峰,反映其微观形态均为呈无定形的非晶形物质;而由非典型的地下水化学潜蚀作用所产生的析出物,在 XRD 图谱上则有可能出现明显的衍射峰。显然,若出现此类衍射峰的数量越多,则其成因越偏离地下水的化学侵蚀作用。而出现衍射峰之处往往标志着析出物中含有呈一定晶型的矿物,常见的一般为石英、高岭石、长石、埃洛石、方解石等。其中,最后一种矿物的指示意义不大,这是因为析出物中的部分钙质在排水孔口处随时间的推移由 CaO 变为 $CaCO_3$。

X 射线衍射仪的主要装置一般包括 X 射线管、样品室、探测器、放大器、信号输出与辅助设备等。

采用上述仪器进行测试的基本原理是,当一束 X 射线照射到晶体上时,可为组成晶体内部晶格结构的原子散射,并在空间辐射出与入射线相同频率的电磁波。晶体中的晶格结构可以视为一个散射系统,其中的原子成为散射波源。由 X 射线散射形成的波之间相互干涉,导致空间某些方向上的波之间相互叠加,于是可以在这些方向上观测到较强的衍射线;而在另外一些方向上的散射波相互抵消,以致没有或者只有较弱的衍射线产生。实际上,每一种晶体所产生的衍射波谱包括两个部分:一个是衍射线在空间的分布模式,由晶胞的大小、形状及取向决定;另一个是衍射线束的强度,取决于原子在晶胞中的位置。由此可见,X 射线衍射分析的实质是描绘射线和晶体结构之间的相互作用及其与矿物成分之间存在的定性与定量关系,所遵循的定律符合布拉格方程[2]。

采用 X 射线衍射分析方法对析出物试样进行测试,一般包括如下两个方面的基本操作:一是样品的制备;二是仪器的准备。前者包括对析出物试样的高温烘干、碾磨成粉末,并对粉末进行压片处理和表面处理等;后者则包括靶材料的选择、工作电压与电流、扫描速率与衍射角范围的确定等。一般地,仪器扫描速率可定在 $5°/min \sim 10°/min$。若速率过慢,不仅增加样品的分析时间,也增加由 X 射线产生的热效应和对样品内部的损伤。在测试过程中,X 射线对析出物样品的扫描角度一般为 $2\theta = 3° \sim 50°$,适用于析出物微观形态的测试要求。若把扫描角度 2θ减小,探测器受入射 X 射线的辐射影响就会增加,对仪器使用和样品均不利。

采用上述方法进行析出物中所含矿物的测定,主要包括对矿物晶体中的晶格常数的测定,用于识别矿物晶体的对称性、结构参数以及晶体取向,晶体取向指识别晶格的内部取向与外观坐标之间的关系。另外,可进行样品所含物相的定性及定量分析。对于定性分析,主要是将待测物质的衍射数据与数据库中已知物质的图谱进行对比,帮助对物相做分析,也可借助计算机数据对比与拟合技术来进行分析;对于定量分析,通常需要先建立待测物相某一衍射线和标准物质的参考线条之间的强度比值与待测物相含量之间的关系,然后对该物相进行测量。需要指出的是,当样品中含有黏土矿物时,采用上述方法进行物相的定量分析,因干扰因素较多而会给分析的结果带来误差。

4.3.4 红外光谱分析法

一般而言,坝址渗水析出物的基本物质组成主要为无机质,不含或仅含极少量的有机质,因此其指示意义不大。但在某些情形下,如在坝踵帷幕体局部防渗缺陷部位进行了有针对性的化灌补强处理之后,下游侧渗水析出物中是否含有有机质及其含量就成为需要关注的一个方面。一般来说,可采用红外光谱分析方法检测析出物中的此类物质。

红外光谱是指物质受红外线照射,选择性地吸收其中与分子振动、转动频率相一致的某些频率,而产生一定吸收谱带的一种分子吸收光谱;红外光谱图反映了整个分子的特征,且不管分子其余部分的结构如何,而某一特定的原子基团总是在相同或相似的频率处产生吸收带。正是基于这种特征谱带的不变性,通过观察并参考有关特征基团频率的综合图表,进行待测样品的结构分析、所含物相的定性及定量分析。

考虑到化灌补强后相邻部位析出物中的有机质含量可能不高,而不能显示其特征吸收峰,因此宜先对分析试样做必要的预处理。其中,包括用有机溶剂对试样先进行萃取,以便将所含的有机物质加以分离,再进行红外光谱测试。

如需要检测析出物中可能含有环氧树脂及糠醛类(源于中化-798 灌浆材料)有机物,有关测试步骤如下:首先,取 100mg 试样,加入 3mL 甲苯,充分搅拌混合,静置 12h;经高速离心机离心后过滤出甲苯溶液,100℃下将甲苯挥发;加入 KBr 制成试样,并测试其红外光谱(记为 J)。然后,将分离后的固相部分再加入 3mL 四氢呋喃,充分搅拌混合,也静置 12h;经高速离心机离心后过滤出四氢呋喃溶液,100℃下将四氢呋喃挥发;加入 KBr 制成试样,并测试其红外光谱(记为 S)。

根据上述特定化合物特有的标准红外光谱的主要吸收峰(表 4.7),可以对比分析析出物试样中可能存在的有机物及其类型,并由吸收峰数量定性地判定相关有机物的相对含量。

表 4.7 环氧树脂、糠醛类化合物标准红外光谱的主要吸收峰统计

环氧树脂		糠醛类	
红外光谱/cm	基团	红外光谱/cm	基团
3030	不饱和 C—H	3110(双峰)	杂环不饱和 C—H
2960、2871	饱和 C—H	2971	饱和 C—H

环氧树脂		糠醛类	
红外光谱/cm	基团	红外光谱/cm	基团
1600、1500	苯环	1590、1500	杂环
1240、1040	C—O	1204、1000	C—H
872	苯环取代	805、735、594	杂环

4.3.5　扫描电镜分析法

扫描电镜法可用于观察析出物的细微观形态,有助于揭示析出物的成因。由于析出物的形态多以胶粒为主,因此在扫描电镜下多呈集合体状、不规则蜂窝状或团絮状等,因而在一定程度上可与颗粒分析以及 XRD 分析的结果相互印证。

采用扫描电镜法的基本原理:当高能电子轰击样品表面时,约有超过 99% 的入射电子能量转化为热能,仅有约 1% 的入射能量从样品中激发各种与待测物质成分和结构有关的信息。

该分析法所用的仪器装置主要包括电子枪、准直与聚焦线圈、样品室与检测和放大系统等。该分析方法具有以下特点:①利用仪器能够观察样品表面结构在 $50\sim100\overset{\circ}{A}$ 尺度的细节变化,具有很高的分辨率;②放大倍数范围很宽,在 $10\times10^3\sim20\times10^3$ 倍连续可调,所获取的图像能够反映样品表面的真实形态;③样品的制备过程比较简单。

4.3.6　其他分析法

除了上述方法,用于检测析出物的物理-化学特性的还有其他一些方法,如阳离子交换容量(cation exchange capacity,CEC)测定法、色谱法以及核磁共振光谱分析法等。

析出物中 CEC 的测定,有助于判定析出物的物理化学活性。根据已有的测定结果,一般析出物的 CEC 值多在 $15\sim30\text{mol/kg}$,而远高于一般岩石的 CEC 值,后者通常小于 2mol/kg,因而表明析出物多具有较强的物理化学活性。

色谱法是根据被分离混合物中各组分的物理-化学性能的差异和在吸附剂上吸附能力的不同,以达到分离目的的一种方法。特点是分离效率高、分离速度快且灵敏度高等,但往往需要被测物质的标样。也许由于后一种原因,把此方法应用于检测析出物的还比较少。

核磁共振光谱分析法是一种类似于红外光谱法的分析方法。基本原理:某些原子核,如 ^1H、^{13}C 等,具有磁性,它们在外界磁场的作用下可以吸收一定波长的无线电波而发生共振吸收;不同的磁性核在不同的条件下共振,即使是同一种磁性核,也因为它们在分子中所处的化学环境不同,产生的共振吸收峰的位置也有所不同。测试结果一般以核磁共振吸收谱图表示。由上述基本原理可知,该方法不仅可用于测定物质的微观结构,还可用于所测物质成分的定性和定量分析,如有机化合物及高聚物的分析等。由此可见,应用此方法的分析结果可与红外光谱分析的结果相互印证。但据了解,将此方法应用于测定析出物,目前仅有个案记录。

综上所述,应用于坝址析出物检测的每一种方法都有其适用性,但在某些方法的检测范围之间存在交叉。如 XRF 分析法与能谱分析法均可用于析出物基本组分的检测;XRD 分析法与扫描电镜法均可用于析出物微观、细观形态的识别;而红外光谱分析法与核磁共振光谱分析法则可用于析出物中某些特殊物质(如有机质)的检测等。上述检测方法的协同应用可从多个方面检测析出物的物理化学特性,并在一定程度上起到相互印证的作用。

诚然,欲对研究区内渗水析出物的成因及影响做出正确的评价,对所取析出物试样采用上述方法进行有针对性的、行之有效的检测只是所做工作的一部分,还应包括其他方面的工作。例如,区内基础地质及水文地质条件的具体分析,分析时段内地下水动态(如排水量、扬压力及水质等)分析乃至析出物取样位置的考虑等。当然,还应包括对析出物检测资料的综合分析等。这样,才有可能客观地揭示坝址析出物所隐含的信息,从而为大坝的长期安全运行评价提供来自基础渗流场、水化学场等多物理场间相互作用的重要信息。

4.4　析出物的潜在影响评价

坝址不同部位出现的析出物具有不同的潜在影响。坝基析出物的潜在影响主要反映在如下方面:一是对坝基岩体渗透稳定性的影响;二是对基础帷幕体防渗时效的影响。而坝体析出物则主要反映在对坝体材料乃至坝体结构耐久性的影响。

4.4.1　坝基析出物对岩体渗透稳定性的影响

一定条件下,坝基岩体渗透非稳定性的发生与否主要与如下三个因素有关。

1. 岩性

岩体渗透非稳定性可发生于各类不同成因的岩体结构面中,但主要发生于软弱夹层中。所谓软弱夹层,指本身厚度不大、但延伸性较好的相对软弱的层状地质体。其共同的特性:具有一定的厚度;较为破碎,不致密而相对疏松,具有较大空隙度;未胶结或仅部分胶结,胶结物大多为碳酸盐类物质,从而为地下水赋存及运移提供必要的空间和通道。

按照成因,自然界中的软弱夹层可分为原生的和次生的两大类。

原生的软弱夹层可形成于三大类岩石中,即沉积软弱夹层、变质软弱夹层和火成软弱夹层。沉积软弱夹层是指与沉积过程同生,一般包括黏土夹层、页岩夹层等。此类夹层与上、下层围岩相比较,在岩性及结构等方面存在显著差异,因而具有特殊的工程地质及水文地质特性,主要表现为强度低、压缩性大,遇水易软化、且易受到冲刷及溶蚀。变质软弱夹层主要出现在沉积变质岩地区,如片岩本身就具有软弱夹层的特征,当其夹在石英岩、大理岩或其他脆性较高和坚硬的岩层中,便构成软弱夹层。此类夹层的显著特点是抗剪强度低。而火成软弱夹层则主要出现在喷出岩地区,如流纹岩间夹有呈层状分布的凝灰质页岩层等。此类夹层的特点是,遇水易软化、抗剪强度显著降低。

次生的软弱夹层多在地质构造应力作用下形成,具有一定的继承性,即沿原有的软弱结构面或夹层经构造错动而形成。此类软弱夹层的特点是:产状稳定,层间物质破碎,并夹有断层泥一类表面积较大的物质;遇水后易崩解或软化,抗剪强度低;在表生环境下经风化作用可形成黏土类物质,其抗剪强度变得更低。

由上述分析不难得出:在其他环境因素相同或相似的情形下,由沉积形成的原生软弱夹层(其中部分可能也经历了后期的改造)及由构造形成的次生软弱夹层更易引发渗透稳定性问题。因此在实际工作中,对于水电站枢纽区基础可能存在的这两种软弱夹层要给予特别的关注,如此类薄弱地质体的物质组成、空间分布及其与水工结构的几何组合关系等。若在相邻部位出现渗水析出物,则应在现场仔细探查的基础上做好取样化验工作,根据试样(还包括水样)的化验结果并结合该部位以及相邻部位渗流的宏观动态监测资料,综合分析和评价上述类型的地质薄弱体在渗流的物理-化学作用下潜在的渗透稳定性问题。

2. 水流

蓄水条件下,坝址上、下游之间的水头差通常达数十米甚至百米,这是坝址渗流场内产生较大渗透压力的边界条件,也是导致区内局部发生渗透变形有利的水动力条件。

作为反映坝址渗流的宏观动态,一般可用渗流量和扬压力这两个物理量来表征,根据其动态特征可相对直观地判定区内岩体是否存在渗透稳定性问题。

为探讨上述问题,在实际工作中,需要开展如下两个方面的工作:一方面,根据不同阶段(包括勘测阶段、施工阶段及运行阶段)的地质及水文地质资料,分析区内地下水系统的补、径、排条件,重点要揭示不同阶段间这种水动力条件可能发生的变化;另一方面,分析原型监测资料系列,据此判定区内渗流的宏观动态类型,即呈收敛型、稳定型还是呈发散型。显然,对于呈发散型的渗流宏观动态需要进一步研究,如建立模型加以量化,以进一步解析分析时段内或不同时段间诸如排水量或扬压力一类效应量对于环境量(如坝前库水位)的响应程度及变化。

3. 水质

地下水的水化学作用对于基础岩体的渗透稳定性具有潜移默化的影响。这种作用虽然是缓慢的,但却是长期的、不可逆的,使一定条件下的渗透变形成为可能。尤其是当水体本身存在某种化学侵蚀作用(可参照现有规范表 3.8 进行评价),并且区内岩体中相对普遍地存在可发生全等溶解作用的矿物(如碳酸盐类、硫酸盐类以及岩盐类矿物等)时,将会因次生的结构性空隙的形成而对岩体渗透稳定性产生相对显著的影响。

在实际工作中,在开展坝址渗流水化学作用对于区内岩体渗透稳定性的影响评价时,以下方面应给予关注:一是要重视区内渗流水化学的形成及演变的研究。某些情形下,可能由于区内水-岩系列间的地球化学作用而加剧了渗流的水化学侵蚀作用。例如,一定条件下由于岩体(如碳质页岩层)中有机质的氧化作用一方面降低了地下水的 pH,另一方面却增大了水溶液中的侵蚀性 CO_2 含量,从而使该部位地下水具有复合型的化学侵蚀作用,可能既存在酸型侵蚀作用又存在碳酸型侵蚀作用,加剧了对于周围地质体(包括基础帷幕体等)的溶解作用。二是在搞清区内渗流的补、径、排条件的基础上,要重视区内渗流系统的初始液(补给区)与溶出液(排泄区)之间的水质差异性研究。在其他环境因素相似的情形下,若系统补、排区之间的水质越接近,则说明补、排区之间的水体交换越积极,水体在系统内滞留的时间越短;而若随着时间的推移,补、排区之间的水质特征更趋于一致,则表明相应部位存在渗透非稳定性的隐患。在进行坝址渗流系统补、排区之间的水质比较时,应注意水质综合指标(如 pH、电导率以及 TDS 值等)的时空变化。

综上所述,一定的岩性、水流及水质等要素的组合,是导致坝基地质体发生局部渗透变形的一个必要条件。而渗水析出物的形成仅是渗流系统排泄区(或排泄点)出现的一个表观现象,至于是否属于渗透变形的产物,则既要考虑析出物本身的基本特性,还应分析上述三个要素及其组合的综合特征。

就概念而言,渗透变形(或渗透非稳定性)有微观与宏观之分,同时也具有阶段性、继承性与发展性的特点。在发生渗透变形的最初阶段,一般仅具有微观的标志。在该阶段,通常以地下水的化学作用为主,持续的时间不仅与渗流的物理状态有关,而更重要的是与作为渗径的结构面的特性有关。渗透的宏观变形阶段则多由渗透的微观变形阶段的进一步发展所致。在该阶段,不仅继续存在地下水的化学侵蚀作用,还伴随地下水的物理潜蚀作用,从而导致结构面中的充填物质呈非稳定性。即在渗流作用下,这些充填物质(主要指比表面积较大的细粒物质)在渗流作用下,或悬浮起来,或在失去胶结物之后悬浮起来,并随渗流而移动,从而导致岩体结构面的空化扩容。这是地下水的动水压力克服细颗粒的自重、渗流通道较粒径较大所导致的。在渗流的进一步作用下，此类结构面中的充填物可能失去与相邻围岩之间的联结力，以致其中的部分物质在渗流系统的排泄区或排泄点(如排水孔)处冲出，从而导致此类结构面的压缩性增大、强度降低。其危害是不言而喻的。在上述渗透变形的不同阶段，出现于渗流系统排泄区或排泄点(如排水孔)的渗水析出物的基本特征也将发生相应的变化。

鉴于坝基析出物的形成与如上所述的多因素有关，在实际工作中应采用综合分析方法进行分析和评价。重点是判定成因类型，即化学作用成因、化学-物理双重作用成因以及物理作用成因。对此，宜从以下三个方面展开。

1) 析出物与固相介质在组成以及含量方面的差异性分析

如前所述，坝基析出物的一个重要物质来源就是岩体中某些物质的析出。这些物质多以离子态、化合物态、以胶体态或其他形态进入水溶液中并随之迁移，而在水流溢出部位以析出物出现。显然，对于析出物中所含的物质组分、形态及理化性质的分析有助于进行区内岩体渗透稳定性影响的评价。

表4.8为我国部分水电站枢纽区基础岩石的化学成分一览，其中后三座水电站位于黄河上游地区，其余八座水电站位于我国南方地区。由此反映，尽管不同坝址具有不同的岩石类型，但硅、铝是主要成分，因而也是构成岩石强度与稳定性的主要物质。在实际工作中，可根据区内岩样与析出物样的化验结果，对比分析相应组分的含量。通常，坝址渗水析出物中的硅、铝含量显著低于岩石中，取自同一坝址但不同部位析出物样间的硅、铝含量差异也是存在的，甚至相差很大。这里，把分布相对不普遍但硅、铝含量相对高(如大于25%)的析出物视为特殊析出物；而把这两种成分含量较低者(如低于10%)视为一般析出物。就形成机理而言，硅铝含量相对高者一般具有化学-物理双重作用的成因，而这两种组分含量较低者则由单一的化学作用所致。实际工作中，在判定析出物的成因类型时，除了需要考虑物质组成，还需要参考细、微观形态(颗粒大小、晶形类物质等)以及所在部位渗流的动态特征，如水化学特征(pH等)及水流特征(排水量的大小及变化)等。

表4.8　部分水电站坝址岩样的化学成分分析　　　　(单位：%)

水电站	SiO_2	Fe_2O_3	Al_2O_3	CaO	MgO	MnO	K_2O	Na_2O	P_2O_5	备注
安砂	55.87~ 77.70	0.63~ 9.14	14.91~ 27.42	0~ 0.59	0.01~ 2.06	0.01~ 0.39	1.01~ 4.80	0.06~ 0.78	0.04~ 0.10	浅变质 石英砂岩
古田溪 一级	67.83~ 85.51	2.04~ 5.32	1.82~ 14.95	0.15~ 0.66	0.17~ 0.35	0.06~ 0.20	2.85~ 6.88	0.08~ 0.20	—	流纹斑岩
水东	66.63~ 77.66	0.89~ 4.80	13.44~ 22.24	0.06~ 0.83	0.06~ 0.35	0.01~ 0.07	3.77~ 5.51	0.21~ 2.97	0.03~ 0.06	花岗斑岩

续表

水电站	SiO_2	Fe_2O_3	Al_2O_3	CaO	MgO	MnO	K_2O	Na_2O	P_2O_5	备注
新安江	61.19~ 93.40	0.77~ 8.85	2.00~ 23.83	0.03~ 2.84	0.02~ 0.58	0.01~ 0.08	2.87~ 5.62	0.33~ 0.60	—	砂岩夹 页岩
紧水滩	70.67~ 76.97	0.98~ 3.19	11.79~ 14.39	0.08~ 0.57	0.03~ 0.12	0.01~ 1.05	3.44~ 4.86	2.15~ 3.86	0.03~ 0.19	花岗斑岩
石塘	70.00~ 79.85	1.70~ 2.42	11.96~ 13.82	0.17~ 3.51	0.25~ 0.31	0.11~ 0.16	2.94~ 4.55	0.28~ 2.95	0.04~ 0.15	凝灰岩
陈村	57.62~ 73.20	3.75~ 6.36	7.14~ 16.75	0.15~ 0.72	—	0.09~ 0.47			—	砂页岩
纪村	46.03~ 50.64	3.13~ 3.99	9.59~ 10.85	14.80~ 17.56	1.77~ 2.09	0.07~ 0.10	14.36~ 16.91	11.18~ 12.80	—	粉砂岩
八盘峡	55.10~ 57.30	4.82~ 7.28	15.80~ 22.10	3.30~ 5.84	3.58~ 3.72	0.05~ 0.08	3.09~ 4.56	1.56~ 1.68	—	红层
李家峡	55.10~ 69.60	1.52~ 5.99	18.30~ 24.20	1.12~ 4.27	0.85~ 3.86	0.05~ 0.18	1.55~ 5.42	1.47~ 2.51	—	混合岩
龙羊峡	65.60~ 67.00	2.61~ 3.16	20.30~ 19.00	1.78~ 2.58	1.20~ 2.47	0.01~ 0.05	5.07~ 3.72	0.64~ 1.16	—	花岗闪 长岩

　　显然,上述两种不同类型的析出物对于岩体的渗透稳定性具有不同的影响程度。由地下水的化学作用所致的一般类型析出物呈相对稳定型,对岩体渗透稳定性的影响在相当一段时间内将限于微观;而由地下水的化学-物理双重作用所致的特殊类型析出物可呈发散型,在一定阶段对岩体的渗透稳定性将会产生相对明显的不利影响。上述特殊类型析出物的出露位置可能与基础地质薄弱体(如软弱夹层、断层破碎带、层间错动带等)的位置之间具有较好的对应性,某些情形下可视为相邻的地质薄弱体发生了软泥化且其中某些组分(如铝硅酸盐组分等)发生了迁移的标志。因此,应加强对于后一类析出物的跟踪监测,从而为必要时采取的工程补强措施提供依据。

　　2)析出物的微观形态分析

　　如前所述,可采用 XRD 测试方法(或并行采用电子显微镜观察方法以及颗粒分析方法等)揭示析出物的微观形态。如果 XRD 测试曲线变化平稳而无明显的衍射峰,则表明相关析出物由典型的化学作用所致。反之,若 XRD 测试曲线上呈现多处明显的衍射峰,并由其特殊的峰值显示为石英,则表明相关析出物的成因中具有物理作用的因素;若析出物中此类晶形矿物含量越多,则表明其具有物理作用的因素越显著。由此不难得出,出现此类析出物相应部位的渗流性状将会出现非稳定性,并在一定阶段渗透的微观变形可能转变为相对明显的宏观变形。

　　3) 析出物的量化分析

　　为了解单位体积渗水溶液中析出物的多少,有必要对其进行量化分析。在现场调查的基础上,可采集具有代表性的出现析出物的排水孔水样。在这样的取样点位,孔口应处于溢流状态。对于单一化学作用成因的析出物,有关水样应呈清澈透明状,无悬浮物或无絮状物质;而只有在置于室内氧化环境下一段时间之后,有关水样中才会出现肉眼可辨的悬浮物或絮状物。经烘干后称重可得相应物理量。

　　在实际工作中,若有取样孔位的流量资料,可根据析出物的上述量化数据推求该孔于单位时间(如 1 年)内的析出物量;若在同一坝址区有数个测点的析出物量化数据,可取其特征值(如均值)并依据区内总的流量(由幕后出现析出物的排水孔流量构成)资料,大致估算该坝址区于相应时间段内总的析出物量。

　　需要指出的是,对于析出物量比较多的孔位,如可能应进行两次或两次以上的量化分析工作。若后一次测值明显大于前一次,则应引起关注。因为这是相应部位岩体渗透存在非稳定性并由此可能引发渗透变形的标志之一。

　　在实际工作中,也可应用 PHREEQC 中 Equilibrium_phases 模块对析出物进行量化[37]。当把该模块自带的数据库与水溶液相联系时,每一相(phase)都通过溶解-沉淀且伴随有变价元素的氧化还原反应等来达到平衡。涉及的相包括固定组分的矿物(指坝基岩体所含的主要矿物)和具有一定压力的气体(指溶解状 O_2 和 CO_2)。此时的平衡反应包括排水孔孔口处压力的降低以及温度的变化,造成 CO_2 气体的溢出使碳酸盐类组分向生成沉淀的方向进行;另外,溶氧量的增加促进了 Mn、Fe 等变价元素被氧化而形成高价氧化物,以达到平衡。在此过程中,形成了含有 $CaCO_3$、$MnO_2 \cdot H_2O$ 和 $Fe(OH)_3$ 一类物质的析出物。

4.4.2　坝基析出物对基础帷幕体防渗效果的影响

　　对此,认为宜从两个方面展开研究:一是从微观的方面展开;二是从宏观的方面展开。前者包括环境水质分析、幕后地下水析钙量估算(参考 3.6.2 节)以及幕后析出物中是否含有其他特殊物质(如化灌材料)化验等方面;而后者则包括幕后排水量、扬压力等物理量的分析。

　　在进行坝址环境水质分析时,根据水质化验资料以及渗流宏观动态监测资料,一方面需要揭示区内渗流系统补给、径流、排泄过程中水质的演变及成因;另一方面,需要判定区内不同部位(如补给部位及排泄部位等)渗流潜在的化学侵蚀作用类型及强度。在进行幕后地下水析钙量分析时,需要注意识别其可能存在的不同来源。而只有基础帷幕体中诸如 $Ca(OH)_2$ 一类的水泥水化产物在环境水作用下溶解并析出,才会影响帷幕体的密实度而使防渗性能发生衰减。在实际工作中,可根据已有的地质资料(如岩性资料等)进行分析,必要时应在区内采集具有代表性的岩石标本进行矿物鉴定及化学成分分析,以便判定基础岩体中的碳酸盐类矿物及含量。对此,要特别注意此类可溶性矿物在构造应力作用下于岩体结构面中的次生富集现象,而岩体结构面本身就是区内发生渗流的主要通道。

在对诸如幕后排水量、扬压力一类渗流水的宏观动态进行分析时,应注意趋势性分析,另外也应进行其与环境量(如库水位等)之间的相关性分析。必要时,应根据原型监测资料建立模型,以便将影响上述效应量变化的环境因子加以量化解析。

显然,开展上述微观方面的研究有助于揭示坝基析出物对于帷幕体防渗效果产生影响的机理,而开展上述宏观方面的研究则有助于判定坝基析出物的形成及演变的某一时期对帷幕体防渗效果产生影响的程度。

4.4.3　坝体析出物对坝体结构耐久性的影响

坝体析出物是坝体渗水与坝体材料之间相互作用的产物。坝体析出物对坝体结构耐久性的影响程度主要取决于混凝土介质中可溶性物质的溶出方式。在RCC 坝孔隙结构不同的部位,诸如 $Ca(OH)_2$ 一类水化产物析出的方式是不同的。如在呈相对孤立状分布的毛细孔位及尺寸小于毛细孔的其他细小缝隙部位,其溶出方式以扩散渗透作用为主,对于 RCC 材料的耐久性会产生潜移默化的影响,但仅具有微观的意义;而在具有较好连通性的毛细孔部位,施工不密实造成的不密实孔($d > 10^{-7}$m)位以及其他缝隙部位,因渗流相对通畅,水溶液碱度降低明显,而使上述水化产物的存在形式呈非稳定性,其溶出方式多以较快的渗漏方式进行,可导致相应部位 RCC 结构趋于疏松,如在胶凝材料及包裹的骨料之间出现离析等。显然,后一种溶出方式对于 RCC 材料的耐久性将具有宏观上的不利影响。

RCC 坝体棕红色析出物的出现对于相应部位材料的耐久性也具有重要的影响。这是因为坝体材料中水合亚铁酸盐(此类析出物的主要物质来源)只有在一定浓度的 $Ca(OH)_2$ 溶液中才是稳定的,如 $4CaO \cdot Fe_2O_3$(aq)仅在 CaO 的浓度 $\geqslant$ 1.06g/L 的溶液中呈稳定态[34]。换言之,当溶液中 CaO 的浓度 $<$ 1.06g/L 时,此类水合盐类物质就会产生分解而析出。这就意味着在有棕红色析出物出现的相应部位的 $Ca(OH)_2$ 的浓度比较低。同时也意味着在相应部位 $Ca(OH)_2$ 是以较快的渗漏方式而析出的。

RCC 坝体黑色析出物的出现对于相应部位材料耐久性的影响与上述棕红色析出物之间具有相似的示踪意义。坝体材料中水合硅酸盐(此类析出物的主要物质来源)也只有在一定浓度的 $Ca(OH)_2$ 溶液中呈稳定态,而在较低浓度的 $Ca(OH)_2$ 溶液中则呈非稳定态。例如,$CaO \cdot SiO_2$(aq)在 $c[Ca(OH)_2] < 0.05$g/L 的溶液中就会析出。

总之,坝址渗水析出物是一定地质环境下液-固相间物理-化学作用的产物,其潜在的影响体现在多个方面,影响程度与成因有关。需要指出的是:

(1) 对于呈发散型的渗水析出物,最初可能以化学潜蚀作用为主,逐渐转为化学-物理双重作用并存,并在一定阶段转为以物理作用为主,从而产生相对显著的不利影响。在实际工作中,应加强对具有此类动态特征的渗水析出物的跟踪监测/检测。

(2) 化学潜蚀作用的发生具有普遍性,这是因为此类作用的发生与否并不取决于渗透压力的大小,而是取决于地下水质及与之相接触的固相介质的物理-化学性状。

(3) 即便在化学潜蚀作用下,作为主要渗流路径的结构面中诸如碳酸盐类可溶性物质的溶失及游离氧化物的析出,仍可导致充填物颗粒间物理化学连接力的降低乃至介质的空化扩容,这将不利于岩体的渗透稳定。

因此认为,仍有必要定期开展区内析出物的化验分析,以揭示其演变趋势,判定其对于岩体渗透稳定性的影响、对于帷幕体防渗时效的影响以及对于坝体结构耐久性的影响等。

4.4.4　析出物潜在影响综合评价流程

由以上分析可知,大坝坝址渗水析出物是一定水环境及地质环境下水-岩-工程材料间相互作用的产物。其形成和演变,一方面与区内渗流的宏观和微观动态特征有关;另一方面也与相接触的固相介质特性(如细观结构、可溶性组分的类型及含量等)有关。只要渗流系统排泄区或排泄点(如幕后排水孔)的水流溢出现象不消失,与之相伴的析出物现象就不会呈现"自熄灭"过程。伴随此过程,可产生具有不同尺度影响的环境效应。综合评价指标体系及评价流程如图4.3所示。

由图4.3可知,对于运行工况下大坝坝址渗水析出物的研究内容一般包括两个大的方面:一是对渗水析出物基本特性的研究;二是对其产生的潜在影响(或环境效应)的研究。

对于前者的研究,需要借助现代测试技术对采集的代表性样品进行精细的测试或化验分析,一些常用的测试方法如前所述;对于后者的研究,则首先需要区别区内渗水析出物出现的具体位置。这是因为不同部位出现的渗水析出物,其环境效应有所不同。当此类现象出现在混凝土重力坝基础防渗帷幕体后排水孔位时,由此产生的环境效应一般反映在:一是对坝基岩体渗透稳定性的影响;二是对基础帷幕体防渗性能的影响。而当区内渗水析出物出现在混凝土面板堆石坝廊道下游侧墙壁排水斜孔(多向坝体内延伸)位时,其环境效应则体现在:一是对坝体材料耐久性(如渗透稳定性等方面)的影响;二是对坝体上游侧防渗体(如混凝土面板)防渗性能的影响。总体上认为,不同坝型区析出物的环境效应虽可能有所

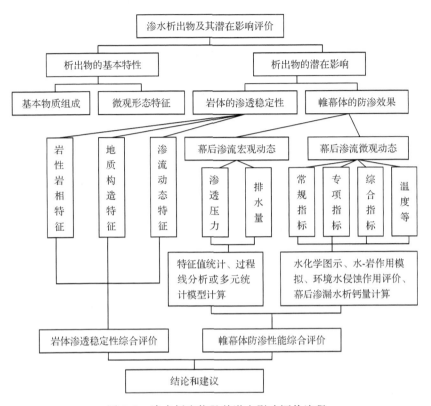

图 4.3　渗水析出物及其潜在影响评价流程

差异,但图 4.3 所示的多指标评价体系仍具有通用性。

当需要探讨渗水析出物对于基础岩体渗透稳定性的影响时,对于研究区基本的地质及水文地质条件的分析是必不可少的。对于区内地质条件的分析包括岩性和岩相特征及地质构造特征这两个方面。对于岩性和岩相特征,尤其需要关注区内是否存在软弱夹层一类地质薄弱体;对于地质构造特征,重点需要关注区内是否存在具有一定宽度的断层破碎带(多为张性结构面)及其物质组成。这是因为此类结构面在一定条件下可构成渗流的相对强径流带,亦是容易发生渗透变形的部位。而对于区内水文地质条件的分析,重点需要了解蓄水前后坝址区内地下水补给、径流及排泄条件的变化,可通过勘测及施工阶段区内地下水动态(主要是水位)与蓄水之后区内渗漏水动态(如扬压力及排水量等)之间的对比分析加以识别,而运行工况下区内渗漏动态可能发生的变化则可通过有关效应量原型监测/检测资料的定性及定量分析加以识别。显然,根据区内渗流动态的原型监测/检测资料,建立符合实际运行工况的渗流模型并进行解析,相关结果不仅有助于量化识别影响效应量变化的有关环境量(如库水位等),也有助于判定区内可能存在的渗透变异部位。

当需要探讨坝体渗水析出物对于坝体材料渗透稳定性的影响时,上述基于区内渗漏宏观动态资料分析渗流系统的补给、径流、排泄特征依然是必要的,此外也需要了解坝体结构及其材料的基本特征。

对于幕后渗漏水宏观动态的分析不仅有助于揭示固相介质的渗透稳定性,而且有助于探讨坝踵帷幕体防渗性能发生衰减的程度。若幕后某部位排水量或扬压力变化在一段时间内保持相对不变,则表明该时期上游侧帷幕体的防渗性能是相对稳定的;反之,若在某一时期这两个物理量或其中之一呈现具有趋势性的增大,则表明相应时期帷幕体的防渗性能呈现相对明显的衰减现象。可根据渗流的原型监测资料,通过不同时段(如年份)间特征值统计、过程线分析以及多元统计模型解析来加以反映[38]。

对于幕后渗漏水微观动态的分析,有助于揭示上游侧帷幕体防渗性能发生衰减的机制。根据不同时期水质化验资料系列,一方面反映区内渗流水化学可能发生的演变,探讨帷幕体的防渗性能;另一方面可对区内渗流水质潜在的侵蚀(或腐蚀)作用进行评价。现有规范规定,当水的 pH<6.5 时,存在酸性侵蚀作用;当溶解状(具侵蚀性)CO_2 浓度$>15mg/L$ 时,存在碳酸型侵蚀作用;当 HCO_3^- 浓度$<1.07mmol/L$ 时,存在溶出型作用;而当 SO_4^{2-} 浓度$>250mg/L$ 时,则存在对于普通硅酸盐水泥的硫酸盐类侵蚀作用等。这是理想情形下,依据单一因素(或指标)得到的评价标准。实际上,自然界中发生的环境水对于大坝混凝土以及基础帷幕体发生的侵蚀作用,是多指标综合作用的结果,同时也受到来自内、外部多因素的影响。因此,既需要考虑水的 pH 及溶解状 CO_2、SO_4^{2-}、HCO_3^- 等对混凝土产生侵蚀(或腐蚀)的作用机理,也需要考虑水中其他组分(如 Ca^{2+}、Mg^{2+}、Cl^- 等)对混凝土侵蚀的影响、相互作用机理及效应。

根据具体的水质化验分析资料,采用图示方法可以直观地反映区内渗流系统中水质的演变。例如,采用 Piper 三线图可以反映渗流水溶液中两组阴、阳离子($SO_4^{2+}+Cl^-$、$HCO_3^-+CO_3^{2+}$ 和 $Ca^{2+}+Mg^{2+}$、Na^++K^+)含量沿补给、径流、排泄方向的变化;采用断面图,如沿坝轴线方向的断面图,反映幕后水溶液中某个或某些水化学综合指标(如 pH 和 TDS 等)的变化,从一个侧面反映不同坝段基础帷幕体的防渗效果以及可能存在的差异性。采用断面法,也有利于从众多的水质测点中发现呈现异常的水质点位,以反映上游侧帷幕体防渗性能可能发生弱化的部位及过程。

根据水文地球化学的基本理论,由具体的水质分析资料建立饱和指数(SI)模型,可定量化评价幕后渗漏水溶液与特定矿物(一般指碳酸盐岩类)之间的反应状态,据此反映幕后渗漏水的水动力条件,并从一个侧面评价上游侧防渗体的防渗效果及差异性。有关 SI 模型的基本求解方法及步骤见 3.5 节。

　　基础帷幕体多由普通的水泥浆液（外加添加剂等）形成，即通过充填在裂隙（对于裂隙介质）或孔隙（对于多孔介质）中的水泥结石与周边的天然地质体而形成防渗帷幕。而水泥结石的基本物质为 $Ca(OH)_2$，具有一定的可溶性。这样，通过与坝址渗流系统的补给源相比较，根据幕后渗漏水中相关组分，如钙质的增量，估算来自帷幕体中 $Ca(OH)_2$ 一类物质的溶失量。幕后渗漏水的析钙量（以 CaO 表示）除了来自上述水泥水化产物的溶失，还可能来自补给源或与之相接触的岩石，如岩体结构面中钙质的溶解作用，此可采用化学计量方法来加以分离，也可采用多元统计分析方法建立水质模型来加以解释。

　　显然，在环境水的物理-化学作用下，如 $Ca(OH)_2$ 一类水泥水化产物的溶出，可导致帷幕体的防渗效果产生衰减。

第5章 坝址渗流水化学监测

如前所述,坝址环境水包括坝前库水、坝后尾水、坝基及坝肩岸坡地下水等。坝址环境水水质是指上述水体及其中所含溶质共同表现的综合特性,而水质指标通常包括物理指标、化学指标及微生物指标,是判断水质优劣、水污染程度的具体衡量尺度。通过定期采集坝址环境水样并进行水质化验,可定期反映区内水质现状及演变过程,同时可参照现有规范对水质进行评价。

运行工况下定期或不定期进行坝址渗流水化学的取样化验工作,至少具有如下任务:一是根据具体的水质评价指标判定坝址区不同部位渗流水是否存在化学侵蚀作用(包括类型及程度等方面)及其时、空差异性,并为必要时采取工程补强措施选择具有较好耐久性的材料提供依据;二是根据区内渗流系统补、排区之间的水质差异性,揭示渗流过程中水-岩-坝(包括帷幕体等)之间发生的地球化学作用,以及由此可能诱发的对于大坝长期安全运行产生不利影响的隐患,如夹层的软泥化以及坝基帷幕体防渗性能的弱化等。

本章主要内容:讨论渗流水化学监测网的设计、渗流水化学部分水质指标的现场测定以及对于相关数据的初步分析,旨在为实现运行工况下坝址渗流水化学监测的目标提供技术支持。

5.1 水化学监测网设计

在实际工作中,应根据具体的要求,对坝址渗流水化学监测网进行具有针对性的设计。有关设计方案遵循的原则应是有效性和经济性。所谓有效性,就是根据设计而投入运行的水化学监测网能够反映区内水化学场的基本特征;所谓经济性,就是符合当产出为一定时,其投入(或成本)应尽可能降低的基本原则。需要指出,坝址渗流水化学监测网一经设计形成并投入运行,不要轻易地变动,以利于监测/检测资料系列的积累和分析。

有关方案中所涉及的内容至少应包括区内环境水的水质取样部位乃至具体的取样点位、取样化验的频度以及取样化验的项目等方面。

5.1.1 关于水质取样点位

所谓取样,按照定义就是抽取总体中的部分单元,观测或收集这些单元的特征和信息,用来对总体进行推断的一种手段。显然,进行坝址水质取样工作旨在反映坝址水化学场的总体特征。

关于取样方法,按照基本原则可分为两类:一类是基于随机性原则的概率取样;另一类则是非概率取样。前一类通常包括随机取样、分层取样、系统取样及丛状取样等方法,而后一类则包括方便取样、判别取样、配额取样及滚雪球取样等方法[37]。采用概率取样方法可对总体进行推断,不足之处就是投入的费用较高、花费的时间较多;而采用非概率取样方法则具有操作简便、费用较低等优点,但需要对样本的代表性做出很高的假定才能对总体进行推断。

由于坝址区地质、水文地质条件的复杂性及时空演变性,对于区内水化学场的研究多具有探索性。因此,在实际工作中多采用属于非概率取样类型的方便取样和判别取样这两种方法。所谓方便取样,亦称偶遇取样,就是在方便的时间和地点将所遇到的重要的水文地质现象,采集水样作为样本进行研究;而判别取样也称立意取样或主观取样,即研究者根据自己的知识和经验,在能够代表某水文地质现象总体的某个部位,采集水样作为样本进行研究。可见,无论采用方便取样还是采用判别取样方法,均应注意水样的代表性。

在实际工作中,可采用如下分析方法确定具体的水质取样点位,以保证拟采集水样的代表性:

(1)根据常规的地质及水文地质定性分析方法,确定取样位置。即通过分析勘测阶段及施工阶段的基础地质资料及水文地质试验资料,对坝址区沿某一方向(多沿坝轴线方向)进行不同亚区的划分。显然,同一亚区内的基础地质特征是相同或相似的,而在不同亚区之间则存在差异性,如在岩性、岩相以及地质构造条件等方面。对划分的每一亚区都应布置相应的水质监测点,如所划分的亚区的范围比较大,则应布置两个或以上的水质取样点,适当注意取样点位之间空间分布的合理性。

(2)根据坝址渗流宏观动态特征,确定取样位置。以坝基幕后排水孔地下水动态为例,不同坝段之间基础地质(如岩性、岩相)、水文地质特征(如介质的透水性)的差异性以及不同部位(如坝肩坝段与河床坝段)间孔口高程的差异性,使得部分排水孔处于溢流状态,而另一部分排水孔则因地下水位于孔口之下而处于相对的“死水”状态。对此,应分别进行水质的取样化验。一般而言,对于幕后动态相对活跃的一类地下水,水质取样点数可多一些。若区内局部渗流宏观动态出现异常(如排水量大且呈增大趋势),或水质本身出现异常(如浑浊、且伴有析出物等),对这样的部位更需要进行取样化验。

若需要对坝基幕后地下水进行取样,应尽量取自幕后排水孔位,而不宜取自下游侧的排水沟中或量水堰部位,因为汇入后者中的水体一般为混合水。另外,也不宜取自幕后扬压力孔,因为此类孔位的水流处于人为受阻的状态。某些情形下(如扬压力测值偏高)即使需要进行水质化验,也应在该孔卸压一段时间(如

0.5h)后再进行取样。

(3) 根据水质部分敏感指标(如 pH、温度及电导率等)的现场实测方法,确定取样位置。有条件时,应首先采用水质测试仪器(如 HANNA 微电脑水质测试仪等)对坝址区出露的渗漏水点进行逐一的现场测量,可得到较为丰富的水化学现场实测资料。据此,可进行区内水化学基本特征的初步划分,如根据水的 pH 大小确定出现的酸性水、中性水、碱性水以及强碱性水等,也可根据水电导率的高低确定出现的相对低矿化水、中等矿化水以及高矿化水等。对于这些不同的水质类型,如可能,均应进行取样化验。

上述三种方法中,第一种方法适用于蓄水初期,而第二种和第三种方法则适用于投入运行一段时期之后。

另外,为了解坝址渗流系统补给源的水质特征,对坝前库水及岸坡地下水分别进行取样化验,也是必要的。对于大中型水库,考虑到水质固有的分层特性,除了要求取库面表层水(位于库面以下 5m 左右),有条件时还应取库底水做水质化验,因为库底水通常是坝基地下水最直接的补给源。对于岸坡地下水的取样,可利用现有的岸坡地下水位长观孔进行。

一定条件(如结合定期进行的大坝安全检查)下,在对积累的水质化验资料进行反馈分析的基础上,可对现有水质监测网进行具有优化意义的调整,力求使新的水质监测网更具有有效性和经济性。

5.1.2　关于水质取样频度

关于取样频度,则视工程的等级、枢纽区地质及水文地质条件的复杂程度以及水环境的变化程度等方面而定。显然,若工程的等级越高,基础的地质条件越复杂,且水环境的变化比较显著,则取样频度应加密一些;反之,可稀疏一些。需要指出的是,由水库蓄水产生的水环境变化及效应可能长达数年之久,在相应时期内进行取样化验的频度应保持不变。

就不同时期的水质监测频度,《混凝土坝安全监测技术规范》(DL/T 5178—2016)进行了原则上的明确[39]:即第一次蓄水前,为 1 次/季;第一次蓄水期,为 1 次/月;蓄水后初期(五年),为 1 次/季;蓄水后正常运行期(五年后),为 1 次/年。根据水质变化的基本特点,这里建议:第一次蓄水前,为 2 次/年,即汛期及非汛期各 1 次;第一次蓄水期及随后五年,为 1 次/季;蓄水后正常运行期(五年后),为 1 次/年。其理由可表述为:①作为区内环境水水质的背景值,蓄水前天然状态下区内水质(包括地表水及地下水)的变化是相对平稳的,一般无明显的季节性变化或变化很弱;②蓄水期及随后 5 年左右的时间内均为枢纽区水环境变化较为显著的时期,既然如此,将该时期的水质监测频度加以统一是合适的。

5.1.3　关于水质化验指标

现有规范对于坝址渗流水质的化验项目（或指标），也进行了原则上的规定[39]，按照要求可分为两类：一类是常规分析，即简分析；另一类则是全面分析，即全分析。就化验的项目而言，简分析通常包括第 2 章中论及的宏量元素，相关离子组分为 Ca^{2+}、Mg^{2+}、Na^+、K^+、HCO_3^-、CO_3^{2-}、Cl^-、SO_4^{2-} 等八种，还应包括水的 pH、侵蚀性 CO_2、电导率以及 TDS 值等综合指标，以反映水质的概貌；而全分析则除了需要分析上述指标，尚需要化验所含的微量甚至痕量元素，以及所含的其他的溶解状气体（如溶解氧、H_2S 等）。若需要揭示可能存在的生物化学作用，还需要化验所含的细菌，以反映水质的全貌。

已有研究表明，一般情形下进行坝址渗流水质的简分析，并在此基础上补充若干专项指标（如总铁、总锰及可溶性 SiO_2 等）的化验，可满足大坝安全定检的基本要求；但当依据现有的水质化验资料不能解释一些现象时，建议进行生物化学指标的测试。如由简分析指标反映，区内渗流水不存在化学侵蚀性，但现场有混凝土表面受到腐蚀的迹象，宜补充进行所含细菌类型及含量的测定。由于日益加剧的人类活动而产生的生物化学作用，对于坝址渗流水质的形成及演变，将产生越来越重要的影响。

5.2　水化学部分水质指标的现场测量及要求

5.2.1　部分水质指标现场测量的必要性

考虑到坝址渗流系统的补、径、排特征，进行部分水质指标现场测量的水体，除了应包括幕后地下水，还应包括坝前库水、坝后尾水、两岸坝肩地下水以及坝体渗水（如出现于不同坝段之间的横缝等部位）。

进行部分水质指标的现场测量，不仅有助于分析蓄水条件下区内水-岩-坝三者之间的地球化学作用、判定区内水化学场可能存在的异常部位，还可根据实测数据的空间分布特征，落实如前论及的需要进行室内化验的水质取样点并建立水质监测网，一段时间后还可对已经建立的水质监测网进行具有优化意义的调整。

据了解，目前对坝址渗流水质进行现场实测的部分指标通常包括 pH、温度、电导率（包括 TDS 值）以及氧化还原电位（Eh 值）等。应该说，这些指标对于水体环境的变化比较敏感。其中，水的 pH 对于环境的变化尤其敏感。该指标是反映水质总体特征的一个综合物理量，水的 pH 大小决定了水溶液中各组分的存在形式及其被迁移的难易程度，其变动多源于水溶液中碳酸平衡系统（如溶解状 CO_2

含量等)的变化及碱度的变化。显然,水溶液中所含的诸如 CO_2 一类溶解状气体对于环境(如温度、压力等)的变化是极为敏感的。从这个意义而言,进行坝址渗流水化学的现场测量,更能客观地反映区内的水质特征。

此外,在对坝址渗流水的上述水质指标进行实测过程中,如可能,应对测点(如排水孔)位渗流的宏观动态特征(如排水量或水位)进行测量并做好记录。因为这些数据也含有可以反映区内水化学场的相关信息。

5.2.2 部分水质指标的现场测量及相关要求

采用现场测量方法,获得水质指标的精度(或可靠性)主要取决于如下因素:一是所用仪器的可靠性;二是测量人员使用仪器进行测量的过程是否规范,是否符合要求。

据了解,目前国内外都有专业厂家开发出了能够满足市场需求的有关水质测试仪器,如离子系列测定仪、专项指标(如 COD、BOD 等)快速测定仪、多参数水质快速测定仪(包括水质现场快速分析仪及水质流动实验室)及在线监测仪(如镶嵌式 pH 实测仪、EC/TDS 实测仪以及 Eh 实测仪等)。

其中,用于现场测量水 pH 的仪器通常称为便携式酸度计,部分可兼测 Eh 值(以 mV 表示)及温度;而用于现场测量水的电导率(包括 TDS 值)的仪器则称为便携式多量程电导/TDS 计,部分可监测 NaCl 及温度。此类仪器的共同特点是:电极可以更换,操作面板简单,低电量指示,数字化显示,校准简便,可进行单手操作,所用电源为电池。需要注意,上述仪器所携带的复合电极保存时,不要用蒸馏水或去离子水加以浸泡。

1) 便携式酸度计的操作步骤

便携式酸度计一般具有如下结构和功能:pH 电极接口、液晶显示屏、mV 键、标准旋钮(进行 pH 零点校正)、温度探棒接口、pH 键、温度(℃)键及 pH 斜率校正旋钮等;可测量 pH、Eh 和温度,通过一个薄膜按键选择测量挡,当连接温度探棒时可自动进行温度补偿,而仪器面板上的两个旋钮可供校正调整。部分技术指标见表 5.1。可分别通过零点和斜率调整钮进行手动两点校正。零点校正为 ± 1.0 pH;斜率校正为 $70\% \sim 108\%$。使用温度探棒时,温度为 $0 \sim 70$℃ 可进行自动补偿;若不使用温度探棒,可固定在 25℃ 进行补偿。

表 5.1 便携式酸度计的主要技术指标

指标	测量范围	解析度	标准偏差
pH	$0.00 \sim 14.00$	0.01	± 0.05
Eh/mV	$0 \sim \pm 1999$	1	± 5
温度/℃	$0.0 \sim 100.0$	0.1	± 1

　　为保证测量精度,当出现以下情形时需要在室内对所用仪器进行校正:①更换电极或温度探头或电池;②至少每月 1 次;③检测腐蚀性化学溶液(如强酸性或强碱性水溶液)之后。在进行校正时,应将每一种校正液倒入两个干净的烧杯内。其中,一个用于清洗电极;另一个则用于校正。当待测溶液呈酸性时,宜用 pH=4.01 和 pH=7.01 的标准液进行校正;而当待测溶液呈碱性时,宜用 pH=7.01 和 pH=10.01 的标准液进行校正。

　　当完成上述测量前的室内准备工作之后,在进行现场测量时还包括如下临测前的若干步骤:①在插入 pH 电极和温度探棒后打开仪器;②取下电极保护套,先使用 pH=7.01 的标准液清洗电极,然后将电极及探棒分别浸泡在 pH=7.01 的标准液内,并轻摇;③按温度键,以显示标准液当时的温度,并做好记录;④按 pH 键,调整标准旋钮,直到显示与标准液温度相对应的 pH;⑤选用另一种 pH 标准液(即 pH=4.01 或 pH=10.01,取决于待测样品的酸碱性)清洗并浸泡,进行第二点校正;⑥等待一段时间(如 2min)后,调整 pH 斜率校正按钮,直到显示屏上稳定地显示该温度下的 pH。当采用手动式进行温度补偿时,可参照表 5.2 进行。由表可知,当标准缓冲液的温度为 25℃时,其 pH 在显示屏上相应地分别显示为 4.01/7.01/10.01;当温度为 15℃时,分别显示为 4.00/7.04/10.12。这样,才算是完成了对于仪器的临测前的校正。

表 5.2　进行手动温度补偿时的 pH 参考值

温度/℃	pH			温度/℃	pH		
0	4.01	7.13	10.32	35	4.03	6.99	9.92
5	4.00	7.10	10.24	40	4.04	6.98	9.88
10	4.00	7.07	10.18	45	4.05	6.98	9.85
15	4.00	7.04	10.12	50	4.06	6.98	9.82
20	4.00	7.03	10.06	55	4.07	6.98	9.79
25	4.01	7.01	10.01	60	4.09	6.98	9.77
30	4.02	7.00	9.69	65	4.10	6.99	9.76

　　至此,可开始对待测水体的 pH 等指标进行现场测量。即只需将 pH 电极和温度探棒插入(约 4cm)待测样品,待 1~2min 后,显示屏上显示的 pH 将趋于稳定,此为经温度补偿后的最终实测值。在不连接温度探棒的情形下,若已知待测样品的温度,可手动进行温度补偿。当需要测量样品的 Eh 值时,需将有关电极一端插入位于仪器顶部的接口(与 pH 电极同一个),另一端则插入待测样品约 4cm 处,按下 mV 键,显示屏上显示的 mV 值将趋于稳定,该稳定值即为样品的 Eh(氧化还原电位)值。

2) 便携式多量程电导/TDS 计的操作步骤

便携式多量程电导/TDS 计(如 HI9835)一般具有如下结构和功能:电源变压器插孔、探头插孔、液晶显示屏、开关键、功能转换键、量程选择键、校正模式键、选择温度补偿模式键等;部分技术指标见表 5.3。采用 6 个记忆的缓冲值(84μm、1413μm、5000μm、12880μm、80000μm、111800μS/cm)进行电导的一点校准;可在 0~60℃进行自动或手动温度补偿,并可在 0、50℃进行两点的温度校准。TDS 值与 EC 值之间的转换因子为 0.40~0.80,默认值为 0.50。

表 5.3 便携式多量程电导/TDS 计的主要技术指标

指标	测量范围	解析度	标准偏差
EC (自动识别量程)	0~29.99μS/cm 30.0~299.9μS/cm 300~2999μS/cm 3.0~29.99mS/cm 30.0~200mS/cm	0.01μS/cm(0~29.99μS/cm) 0.1μS/cm(30.0~299.9μS/cm) 1μS/cm(300~2999μS/cm) 0.01mS/cm(3.0~29.99mS/cm) 0.1mS/cm(30.0~200mS/cm)	±1%
TDS (自动识别量程)	0~14.99mg/L 15.0~149.9mg/L 150~1499mg/L 1.50~14.99g/L 15.0~100.0g/L	0.01mg/L(0~14.99mg/L) 0.1mg/L(15.0~149.9mg/L) 1mg/L(150~1499mg/L) 0.01g/L(1.50~14.99g/L) 0.1g/L(>15.0g/L)	±1%
温度	0~60.0℃	0.1℃	±0.1℃

为保证测量的精度,也需要在室内对上述仪器进行 EC/TDS 值校正。采用一点校准法,可选择以下校准点进行:84μS/cm、1413μS/cm、12880μS/cm、80000μS/cm、111800μS/cm。水的电导率随温度而变化,有关标准液在不同温度下的参考值见表 5.4。由该表可知,当标准液的温度为 25℃时,EC 值在显示屏上相应地分别显示为 84μS/cm/1413μS/cm/5000μS/cm/12880μS/cm/80000μS/cm/111800 μS/cm;当温度为 15℃时,分别显示为 68μS/cm/1147μS/cm/4063μS/cm/10480μS/cm/65400μS/cm/92500μS/cm。

表 5.4 进行温度补偿时的 EC 参考值   (单位:μS/cm)

温度/℃	标准液					
	1	2	3	4	5	6
0	64	776	2760	7150	48300	65400
5	65	896	3180	8220	53500	74100
10	67	1020	3615	9330	59600	83200
15	68	1147	4063	10480	65400	92500

续表

温度/℃	标准液					
	1	2	3	4	5	6
16	70	1173	4155	10720	67200	94400
17	71	1199	4245	10950	68500	96300
18	73	1225	4337	11190	69800	98200
19	74	1251	4429	11430	71300	100200
20	76	1278	4523	11670	72400	102100
21	78	1305	4617	11910	74000	104000
22	79	1332	4711	12150	75200	105900
23	81	1359	4805	12390	76500	107900
24	82	1386	4902	12640	78300	109800
25	84	1413	5000	12880	80000	111800
26	86	1440	5096	13130	81300	113800
27	87	1467	5190	13370	83000	115700
28	89	1494	5286	13620	84900	117700
29	90	1521	5383	13870	86300	119700
30	92	1548	5479	14120	88200	121800
31	94	1575	5575	14370	90000	123900

至此,可开始进行对待测水体 EC/TDS 等指标的现场测量。首先,将探头插入待测溶液中,应使探头的排气孔完全没入待测溶液的液面之下;然后反复轻弹探头,使探头套筒内的气泡从排气孔溢出;此时,显示屏上稳定显示的数字即为测量数据。TDS 的读数是由样品的 EC 值乘以转换系数 A 得到。处于默认状态时,A 设定为 0.5;进入设定模式并选择"TDS"指标,可在 $A＝0.4\sim0.8$ 进行选择。选择 A 值时,需要考虑的主要是区内的地质及水文地质条件:若区内地质体中相对普遍地存在硫酸盐类(如硬石膏及石膏等)矿物,且径流比较滞缓,可能形成以 SO_4^{2-} 作为控制性阴离子的高矿化地下水,此时 A 值可取得相对大一些,如接近 0.8;反之,若区内不存在上述矿物且水交替相对积极,可能形成以 HCO_3^- 作为控制性阴离子的低矿化地下水,此时 A 值可取得相对小一些,如接近 0.4。

另外,为保证测量的精度,除了要求在测量前对仪器进行校准,还建议在现场测量过程中用探头插入下一个待测样品溶液之前,先用去离子水仔细漂洗探头;另外,还需用待测样品分别对电极和盛试样的容器(如烧杯)进行冲洗,以避免不同样品间通过电极或烧杯发生交叉污染。

5.2.3　现场测量数据的初步分析

采用上述两种可进行现场测量的水质仪器,可获得诸如 pH、Eh、EC、TDS 以及温度一类水化学指标的实测值。当工程等级比较高、大坝基础存在多条廊道(如灌浆廊道和排水廊道等),且每一条廊道内又布置渗漏水溢出点(如排水孔)时,上述水化学指标实测值的数量可达数百个。因而认为采用上述方法对于区内水化学场的探测具有普查性。对此,应及时地进行资料整理,并做必要的分析,以便为下一阶段的工作提供指导。

在对渗流水化学现场实测资料的分析过程中,认为应以如下不同的观点加以综合探讨。

1) 以系统论的观点

如前论及,运行工况下坝址渗流有特有的补给源、渗透路径以及排泄方式,是一个由多相、多子系统组成的复杂系统。因此认为,应以系统论的观点,分析区内渗流系统溶出液与初始液(如坝前库水)之间的水质相似性及差异性;分析幕后渗漏水不同部位之间(如河床坝段与坝肩坝段之间)的水质相似性和差异性,以及可能存在的不同补给源;分析同一测点水质随时间的演变趋势。

当其他方面相同或相似时,若排泄区或排泄点(如排水孔位)与补给源之间的水质差异性较小,则表明渗流在基础岩体中或坝体介质中滞留的时间较短,以致与水相接触的固相介质对水质的影响比较小;反之,若之间的水质差异性较显著,则表明渗流在基础岩体中或坝体介质中滞留的时间比较长,以致与水相接触的固相介质对水质的影响比较大。由此,可从一个侧面反映区内渗流的宏观动态特征、含水介质的渗透性以及帷幕体的防渗性能等方面。

2) 以地质论的观点

根据水文地球化学的基本理论,地下水系统中存在多种水质的形成作用,但溶解作用是区内渗流水化学发生演变的一种最主要的水质形成作用。因而区内岩性、岩相及所含的可溶性矿物发生溶解的类型(如具有全等溶解作用的岩盐类、硫酸盐类、碳酸盐类矿物,以及具有不全等溶解作用的硅酸盐类及铝硅酸盐类矿物)及含量的变化,均可能导致区内不同测点间水化学的差异性变化。因此认为,在进行渗流水化学分析时,应尽可能充分地了解区内不同地质体的基本特征及空间分布特征,可通过勘测阶段地面地质调查资料以及施工阶段的钻孔岩芯探查资料来识别。这样,也有利于幕后渗漏水溶液中相关组分(如钙质)的溯源分析。

另外,对于裂隙介质,岩体由岩块和结构面组成,具有双重介质的特性。其中,岩块相对致密,所含的单个空隙空间小,且不同空隙之间的联通性差;此类空隙多由原生孔隙或微小裂隙(其开度一般小于 0.2mm)组成,因此导水能力很低,但因所占的空间比较大,而具有一定的储水能力;而结构面,尤其是张性结构面及网络,尽管所占的空间比例不大,但有较强的导水能力。因此,此类结构面及网络的水文地质参数(如渗透系数等)不同于区内岩块,相差往往达一个数量级或以上。因而认为,在进行此类裂隙岩体渗流水化学分析时,还需要了解此类地质体中主要地质构造的空间分布特征及水文地质特性(如导水性、隔水性等),以识别坝址区地下水的赋存条件及其"来龙去脉"。也可通过勘测阶段的地面地质调查资料以及施工阶段的地质勘探资料来加以综合分析。

3) 以多场耦合作用论的观点

自然界中的多物理场耦合作用现象是普遍存在的,坝址渗流水化学场的形成及演变亦受到其他物理场的影响,如地质体结构场、渗流场、温度场等。其中,结构场作为基本场,呈现相对的稳定性,但对于区内水化学场的形成具有控制作用;渗流场和温度场则作为作用场,相互联系,相互作用,又相互制约,呈现非稳定性,而对于区内水化学的演变具有重要影响。因此,在依据现场实测资料进行水化学分析时,应结合区内渗流的宏观动态特征来展开。需要考虑的物理量包括坝前库水位、两岸绕渗孔地下水位、坝基排水量及扬压力等。

在实际工作中,一方面可根据水质部分指标的现场实测资料,并结合区内渗流原型监测资料,作出相关动态要素沿某一方向(通常是沿坝轴线方向)的分布断面图,以定性反映区内不同部位(如不同坝段)渗流动态的分布特征及差异性。这样不仅有助于分析坝址水化学场的基本特征,也有助于判定坝基帷幕体可能存在的防渗薄弱部位。图 5.1 为基于现场实测资料的某水电站坝址渗漏水动态定性分析的若干图件。由此反映,近期该电站坝基幕后渗漏水动态具有如下特征:

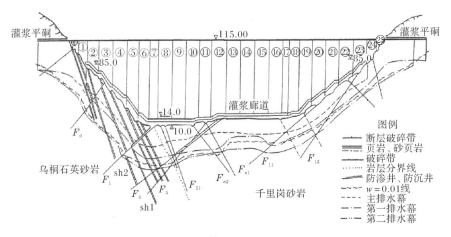

(a) 沿坝轴线地质剖面图

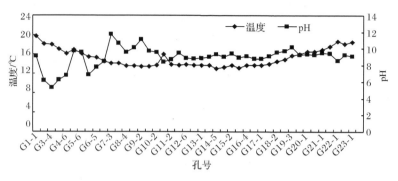

(b) 沿坝轴线幕后渗漏水温度与 pH 分布断面

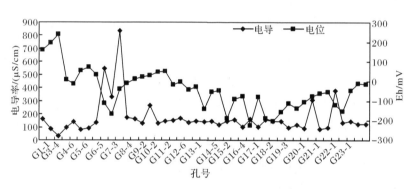

(c) 沿坝轴线幕后渗漏水电导率与电位分布断面

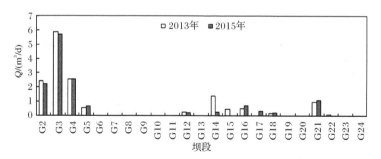

(d) 沿坝轴线幕后渗漏水量分布断面

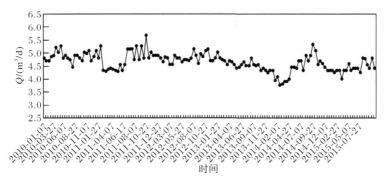

(e) G3 坝段 G3-3 孔流量过程线

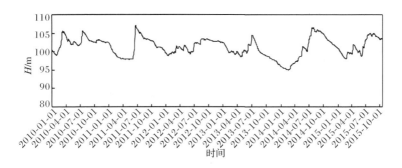

(f) 近年来坝前库水位过程线

图 5.1 基于现场实测资料的某水电站坝址渗漏水动态特征

(1) 右坝肩坝段渗漏水的水化学特征明显有别于河床及以左坝段。在前一部位(1~6 坝段),水的 pH 普遍低于后一部位,即 10 个测点中有 7 个点位的 pH 明显低于后一部位,最低的呈弱酸性(<6.5),而后一部位渗漏水则普遍呈碱性[图 5.1(b)]。另外,从幕后渗漏水的电导率和氧化还原电位[图 5.1(c)]来看,上述两个部位间亦存在相对明显的差异:在前一部位部分测点(指有水溢出的排水孔)位,水的电导率相对低于后一部位,但其氧化还原电位高于后一部位。其中,3 坝段以右的测点水体处于相对完全的氧化状态(Eh>100mV),而河床部位以左(7~23 坝段),大多数测点的水环境处于氧化-还原之间的过渡状态(−100mV< Eh<100mV),少数测点则处于相对典型的还原状态(Eh<−100mV)。而从幕后渗漏水的温度变化来看[图 5.1(b)],总体上呈现中间低、两侧高的分布特点,即河床部位(6~19 坝段)的温度要低一些,在 13.5~14.0℃,而左、右坝肩部位的温度相对高一些,多在 16℃或以上,最高达 19℃。由此表明,在左、右坝肩部位幕后渗漏水中还可能含有来自左、右岸坡基岩裂隙水的分量。

(2) 右坝肩部分坝段渗漏水的水动力特征明显有别于河床及以左坝段。在前一部位,近年来部分坝段(2～4 坝段)基础幕后渗漏水量比较大[图 5.1(d)],其中 3 坝段(G3)出现的渗漏水量更大一些;而河床及以左的 17 个坝段中,仅少数坝段出现渗漏水且水量较小。由此可见,上述两个不同部位基础帷幕体有不一致的防渗性能。近年来,坝前库水位呈现一定的周期性波动,但无明显的趋势性[图 5.1(f)];在该时段内,3 坝段幕后流量较大的一排水孔(G3-3)流量的变化与坝前库水位之间呈现较密切的相关性[图 5.1(e)],即库水位上升,流量增大;反之,库水位下降,流量则减小。由此可见,坝前库水仍是该孔位地下水重要的补给源。

上述基于现场实测渗流的微观和宏观动态反映:右坝肩 2～4 坝段基础帷幕体的防渗效果在分析时段内相对弱于其他坝段,其中 3 坝段更弱一些。究其原因,很大程度上可归为这两个不同部位之间地质条件的差异性。

根据图 5.1(a)可知,右岸及部分坝段(1～6 坝段)基础出露泥盆系上统西湖组(原乌桐组)地层,基本岩性为石英砂岩、含砾石英砂岩及石英砂岩夹页岩。其中,页岩夹层呈不规则透镜状分布,一般厚数厘米至数十厘米,最厚达 2.5m,如位于 2～3 坝段的 Sh1、Sh2 页岩夹层,可分为灰黑色、黑色碳质页岩和紫红色、杂色页岩等。由 X 射线衍射及差热分析判定,页岩的矿物成分主要为石英、白云母、水云母,其次为高岭石、叶蜡石及蒙脱石。碳质页岩中有机质含量达 5%～7%。而河床坝段(7 坝段以左)及左坝肩出露唐家坞群(原千里岗组)砂岩,基本岩性为含砾砂岩、中粒砂岩、细粒砂岩和砂质页岩,与西湖组地层之间呈不整合接触。

坝址位于一倒转背斜的反常翼上,断裂构造发育。其中,出露于右坝肩部位的地质构造形迹可归纳如下:

(1) 断层。其中,F_0 逆断层穿过了 2～3 坝段基础,产状 N40°～60°E,倾向 NW,倾角 68°,断层破碎带充填岩屑和断层泥,宽 0.2～0.3m。F_1 亦为逆断层,穿过 5～8 坝段基础,上盘为西湖组石英砂岩,下盘为唐家坞群砂岩,产状 N30°～50°E,倾向 NW,倾角 40°～52°,断层破碎带宽 0.2～0.5m,最宽达 1m,由断层角砾、断层泥等组成。考虑到该断层对所在部位的渗透稳定性可能产生不利影响,对其进行防渗井等特殊的工程处理[图 5.1(a)]。

(2) 裂隙。可进一步分为:①层面裂隙,走向 N20°～40°E,倾向 SE,倾角 50°～80°,裂隙面上常见磨光面或擦痕;②横张裂隙,走向 N40°～60°W,倾向 NE 或 SW,倾角 75°～80°,裂隙壁张开,充填砂或黏土,少数裂隙面上有铁质浸染;③剪切裂隙,走向 N30°～80°E,倾向 NW,倾角 30°～50°,常见微观位移及破碎现象,延伸性较好;④在坝肩岸坡部位,还发育卸荷裂隙(或岸坡裂隙),走向近 SN,倾向河床,倾角 10°～30°,有黏土充填。上述四组裂隙大多相互切割,使坝址岩体成为块状而具有裂隙介质的特征。相对而言,河床及左坝肩部位基础的工程地质条件优于右坝肩。根据设计,在大坝施工阶段对大坝基础实施了防渗帷幕,由三排灌浆孔和一排中压灌浆孔组成,贯穿全部 26 个坝段,并向两岸坝头延伸。

　　上述分析表明,水电站坝址不同部位间地质体工程地质及水文地质条件的差异性将在很大程度上影响基础帷幕体的防渗效果,进而影响运行工况下幕后渗流动态的多要素(如水化学、水温以及排水量等)呈现时空的差异性变化。

　　在上述定性分析的基础上,实际工作中必要时也可根据区内渗流原型监测资料系列,建立多元统计模型,通过求解将影响效应量变化的有关环境量加以量化,以便进一步将对区内水化学的探讨置于其他物理场影响的框架内。

　　应该说,以上述三种观点来综合探讨区内渗流场的水化学特征,可以有效地减少对于水化学资料解释的多解性或不确定性。

5.3　需要注意的几个问题

5.3.1　关于库水取样

　　作为坝体渗水以及坝基地下水的主要补给源,进行坝前库水以及幕前基岩地下水的侵蚀作用评价无疑是必要的。但在取样时需要注意:①对于中、小型水库,一般水深不大,其表层水质与底层水质之间差异不明显,水质取样点选自表层或接近表层,水质特征总体上仍满足代表性要求。②对于大型水库,水深一般超过百米,水质特征随着深度的增加伴随着温度和压力的显著变化,以致出现了明显的分层差异。对此,水质取样点若仍取自表层或接近表层,其水质特征恐不能满足代表性要求;应采用专门的水质取样器进行分层取样,如分别取自库面、库深 1/2 处、库底等。若考虑经费等原因,建议有限的水质取样点应取自中、下层库水。

5.3.2　关于水-岩作用效应

　　水-岩系列间的相互作用类型及其机理复杂,以致具有复杂的时空分布特征,并由此产生了多种效应。

　　在坝址区,作为其产生的效应之一,就是改变了液相对于固相介质的侵蚀作用。可将其进一步分为两类:一类具有弱化作用;另一类则具有强化作用,以致具有复合型侵蚀作用。对于前者,例如,作为坝基地下水主要补给源之一的库底水因 pH<6.5 而具有酸性型侵蚀性,在向坝基运移过程中与固相介质中的碱性物质(如帷幕体中的水泥结石以及岩石中的长石类矿物等)发生反应而趋于碱性化,以致这种酸性作用强度逐渐降低乃至消失。对于后者,例如,区内软弱夹层(如页岩层)中有机质的氧化作用可导致相应部位地下水的酸化并伴随着侵蚀性 CO_2 含量的增加,以致在同一部位地下水具有酸性型和碳酸型的双重侵蚀作用;又如,在某种特殊的地质环境下形成的"红层"中因含有较多的蒸发岩类(如岩盐及硫酸盐等)矿物,以致区内局部形成具有高 SO_4^{2-} 含量(>3000mg/L)呈显著矿化的地下水,对抗硫酸盐水泥仍具有侵蚀作用。另外,地质体中所含的黄铁矿类硫化物的氧化一方面可导致地下水中的 SO_4^{2-} 含量显著增加;另一方面,也使水的 pH 显著降低。从而导致此类地下水对于坝体材料既具有硫酸盐型又具有酸性型侵蚀作用。

5.3.3　关于水质评价

依据勘测阶段、施工阶段的基础地质及水文地质资料,以及运行阶段的地下水动态观测资料,可以分析区内地下水于不同时期的补给、径流、排泄特征及变化。这样有利于对区内地下水排泄部位溶出液的水质评价。同补给源相比,溶出液水质出现的差异正是地下水自补给区向排泄区运移过程中液相与固相之间的相互作用所导致的。由此认为,依据帷幕体后地下水溶出液的水质指标评价其对大坝基础混凝土以及帷幕体一类工程材料的侵蚀性,就不是很准确。相反,根据补给源与溶出液之间的水质差异特征评价流场内地下水对于工程材料是否发生了侵蚀作用、类型及程度等,倒是贴切的。

第6章　渗流水化学监测的质量保证及质量控制

对于坝址渗流水化学监测的质量保证及质量控制,实际上是一个由多个子系统构成的复杂系统,而每一个子系统又包括若干环节。显然,只要其中的一个环节出现差错,就有可能降低水化学监测结果的质量,应给予高度重视。

本章主要探讨水样采集与保存过程中的质量保证与质量控制问题,水质化验分析过程中的误差及控制问题,以及水化学分析数据的可靠性检查等方面。

6.1　水样采集与保存的质量保证与质量控制

6.1.1　水样采集及要求

根据水质分析项目的性质及采样方法,选择合适的盛水容器和采样器,并清洗干净。采集水样之前,需用待采集的水体将盛水容器冲洗 2 或 3 次,以避免水样受到污染。

应该说,容器的材质对于水样在储存期间的稳定性具有很大的影响。一方面,容器材质中的某些物质可溶入水溶液中,如从塑料容器溶解出的有机质、填料以及从玻璃容器溶解出的钠、硅和硼等;另一方面,容器材质可吸附水样中某些组分,如玻璃吸附痕量金属,塑料吸附有机质及痕量金属等。此外,两者之间还可能直接发生化学反应,如水样中的氟化物与玻璃容器间的反应等。

因此,对于水样的容器及材质应满足如下要求:

(1)容器材质的化学性能稳定,保证水样的组分在储存期间不发生变化。

(2)抗极端温度性能及抗震性能好,大小及形状适宜。

(3)能严密封口,并易于开启。

(4)材料易得,可反复使用,成本较低。

根据已有的研究,作为水样容器的材质的稳定性可排序为:聚四氟乙烯＞聚乙烯＞透明石英＞铂＞硼硅玻璃。其中,高压低密度聚乙烯塑料和硬质玻璃(又称硼硅玻璃)因其成本低而得到相对普遍的使用,基本上也能满足上述对于材质的要求。

硬质玻璃是由硼硅酸玻璃制成的,可能存在二氧化硅(70％～80％)、硼(11％～15％)、铝(2％～4％)的溶出和微量组分砷和锌的溶出问题。在保存酸性样品时,一般不存在样品的污染或待测组分被吸附等现象;但在保存碱性样品时,由于玻璃本身受到腐蚀,存在样品受到污染的可能。不同种类的聚乙烯塑料瓶往往由于制作方法的不同而具有不同的成分,部分含有铝、钙、铁和镁等元素,故在使用时要注意这些元素对分析测定的影响。另外,此类容器最好不要与有机溶剂接触时间过长。

水样容器的封口塞材料要尽可能与容器材质一致,即塑料容器用塑料螺口盖,玻璃容器一般情况下用玻璃磨口盖,而特殊情况下需用木塞或橡皮塞时,必须用稳定的金属箔加以包裹。对于盛放碱性水样的容器,不能用玻璃塞。

当需要测定水样中的溶解氧时,应使用专门的溶解氧瓶。在采样时,应使水样平稳地充满溶解氧瓶,不得曝气,瓶内不能残留小气泡。瓶口可用水加以密封,以防止空气中的氧与水样中的氧发生交换。若不需要测定水样中的溶解氧,应使容器留有 1/10 顶空,以保证水样不外溢。

关于采样设备,据了解,我国目前已能生产各种不同类型的水质采样器。大致可分为三类:手工采样器、自动采样器和无电源自动采样器。其中,常用的采样器为塑料水桶和直立式采样器。

关于采样方法,采集坝址不同部位的水体应采用不同的方法。

对于坝前库水,可采用船只采样和坝顶采样方法。采用坝顶采样,不受天气影响,能控制采样点的位置,比较安全、可靠和方便。如采集库面水,需将采样器浸入水面下约 0.5m 处进行采样。如需要采集深层水,可使用带重锤的采样器沉入要求的深度(可根据绳子上的标度确定),此时上提绳子打开瓶塞,待水样充满容器后提出。若待测项目中含有溶解状气体(如溶解氧),可采用双瓶采样器进行采集。即将采样器沉入要求水深后,打开上部的橡胶管夹,水样进入小瓶(采样瓶),同时将空气趋入大瓶,并从连接大瓶短玻璃管的橡胶管排出;待大瓶中也充满水时,将采样器提出水面,并迅速将水样瓶(小瓶)密封。

对于坝基幕后地下水样,一般取自排水孔,采样方式需要考虑取样孔位的地下水动态。一般可分为两类:一类相对活跃,即地下水位高于排水孔口而处于溢流状态;另一类则相对不活跃,即地下水位低于排水孔口而处于"死水"状态。对于前者,采集水样过程相对简单;而对于后者,如果可能,应先取出孔内的死水,待孔内水位恢复后再采集水样。某些情形下,可能需要采集扬压力孔位(如测值偏大)的地下水。对此,应先打开阀门卸压一段时间(如 30min)后,再采集水样。

关于采集水样的体积,一般视水质分析项目的多少而定。对于简分析,所需的水样有 1L 即可;而对于全分析或需要进行某些特殊项目的测定,所需的水样应有 2L 或以上。

6.1.2　水样保存及要求

从水样的现场采集到室内的化验分析,一般要经历一个时间过程。其间,环境因子(如温度、压力等)的变化,会引起水样中有关组分的含量变化和存在形式的变化等。例如,好气性微生物的活动,会引起水样中的有机物发生变化,从而影响 COD 和 BOD 的测定结果;溶解状 CO_2 含量的变化,会引起水样的 pH 和总碱度发生变化;胶体的絮凝作用可使水样中产生肉眼可辨的絮状物质等。

为尽可能降低水样的物理、化学和生物等方面的变化,必须在采集水样时采取有效的保护措施,并力求缩短从现场到实验室的运输时间。而当待测组分的浓度很低时,更要做好水样的保护工作。

应该说,适当的保护措施能够降低水样的变化速度及程度,但并不能完全抑制其变化。部分水质项目(或指标)对环境的变化特别敏感,如温度、pH 等,宜在现场进行测定;而另一部分水质项目可在现场对水样做简单的预处理,使之能够保持一段时间。显然,水样允许保存的时间,与水样原有水体的开放程度、化验的项目、溶液的酸度、容器的材质、比表面积及存放的温度等多种因素有关。

关于保存水样的基本要求,至少应包括以下方面:

(1) 能有效抑制微生物作用。

(2) 减缓化合物的水解作用以及氧化还原作用。

(3) 减少组分的挥发及吸附损失。

关于水样的保存方法,可分为物理方法和化学方法两类。对于物理方法,就是采用冷藏方法,将水样置于 2～5℃ 的温度区间加以保存(放入冰箱的冷藏室即可),这样能有效抑制微生物的活动、减缓物理-化学作用发生的速度。对于化学方法,就是采用加杀生物剂法,以抑制水样中微生物的作用;或采用加化学试剂法,以防止水样中某些金属元素在保存期间发生变化。常用的水样保存剂及作用见表 6.1。为避免保存剂在现场被沾污,最好在实验室将其预先加入容器内,但易变质的保存剂不宜预先加入。作为保存水样的一般性指导,有关水样的保存技术见表 6.2[38]。

表 6.1　常用的水样保存剂及其作用

序号	保存剂	作用	适用的分析项目
1	$HgCl_2$	细菌抑制剂	各种形式的氮和磷
2	HNO_3	金属溶剂,防止沉淀	多种金属
3	H_2SO_4	细菌抑制剂,与有机碱形成盐	有机水样(COD、TOC 等),氨和胺类
4	NaOH	与挥发化合物形成盐类	有机酸类、酚类
5	冷藏	细菌抑制剂,减缓化学反应速度	酸度、碱度、有机物、BOD、色度、溴、有机磷、有机氮、生物机体

表 6.2　常用的水样保存技术

序号	测定项目	容器材质*	保存方法	最长保存时间	备注
1	温度	P、G	—	—	现场测定
2	悬浮物	P、G	2~5℃冷藏	—	尽快测定
3	色度	P、G	2~5℃冷藏	24h	最好现场测定
4	溴	G	—	6h	最好现场测定
5	浊度	P、G	—	—	最好现场测定
6	pH	P、G	2~5℃冷藏	6h	最好现场测定
7	电导率	P、G	2~5℃冷藏	24h	最好现场测定
8	Ba、Be、Ca、Cd、Co、Cu、Fe、Mg、Ni、Pb、Sb、Se、Sn、Zn、Mn	P、G	加 HNO_3 酸化至 pH<2.0	6个月	—
9	硬度	P、G	2~5℃冷藏	7天	—
10	酸度或碱度	P、G	2~5℃冷藏	24h	最好现场测定
11	CO_2	P、G	—	—	现场测定
12	溶解氧-电极法	G	—	—	现场测定
	溶解氧-碘量法	G	加 $MnSO_4$ 和碱性 KI 剂	4~8h	现场固定,避免气泡
13	氨氮、硝酸盐氮	P、G	加 H_2SO_4 酸化至 pH<2,2~5℃冷藏	24h	—
14	亚硝酸盐氮	P、G	2~5℃冷藏	—	尽快分析
15	总氮	P、G	加 H_2SO_4 酸化至 pH<2	24h	—
16	可溶性磷酸盐	G	现场过滤,2~5℃冷藏	48h	—
17	总磷	P、G	加 H_2SO_4 酸化至 pH<2,2~5℃冷藏	数个月	—
18	F^-、Cl^-	P	2~5℃冷藏	28天	—
19	硫酸盐	P、G	2~5℃冷藏	28天	—
20	硫化物	P、G	用 NaOH 调至中性,每升水样加 2mL 1mol/L 乙酸锌和 1mL 1mol/L NaOH	7天	—
21	COD	P、G	加 H_2SO_4 酸化至 pH<2,2~5℃冷藏	7天	尽快测定
22	BOD_5	P、G	加 H_2SO_4 酸化至 pH<2	4天	尽快测定
23	TOC	G	加 H_2SO_4 酸化至 pH<2,冷冻	7天	—

续表

序号	测定项目	容器材质*	保存方法	最长保存时间	备注
24	细菌总数	—	冷藏	6h	—
25	大肠菌群	—	冷藏	6h	—

注:表中 * 栏,P 指硼硅玻璃;G 指塑料。

为保证水质分析的质量、避免差错,除了做好上述的水样保存工作,还应做好有关的水样管理工作。具体包括如下方面:

(1)应在采样现场填写好水样登记表,认真做好采样记录。内容包括所采水样的水体(如坝前库水、坝基地下水或坝体渗水等)类型、编号、采样点位的水流特征(对于幕后排水孔位,有水溢出的孔位,应测量并记录取样当时的流量;无水溢出的孔位,测量并记录孔内水位距孔口的埋深)和其他特征(如渗水析出物特征,包括颜色及析出量等均应做定性描述)、采样时间和气温、添加保存剂种类和数量等。未尽事宜应在备注栏中说明,使非采样人员无需询问也了解现场采样的有关情况。使用不溶于水的墨水或硬质铅笔书写。

(2)在水样采集完成后,应在容器口加贴密封带,确保不损坏它便无法打开容器。

(3)水样的标签应能牢固地粘贴在每一个容器的外侧,并能防水;标签上的内容应填写完整。

(4)水样运至实验室之后,收样人员应对照标签和送样单,逐一进行检查验收。

(5)按照要求,能进行迅速分析的水质项目应立即分析。同时,还应按照分类保存方法及时做好归类存放工作。

6.2　水质监测的实验室质量保证及质量控制

6.2.1　水质分析方法概述

根据水质分析手段可把水分析化学分为两类:化学分析法和仪器分析法。

采用化学分析法,就是使水中被测组分与一种已知成分、性质及含量的另一种物质发生化学反应,产生具有特殊性质的新物质,以此确定水中被测组分的性质及含量。将需要分析的水称为水样或试样,加入的某种已知成分、性质和含量的物质称为试剂。该分析方法以化学反应为基础,历史悠久,故又称为经典分析化学,主要包括重量分析法和容量分析法。重量分析法是指将水中待测组分与其他组分相分离,或将待测组分产生的某种物质转化为一定的称量形式,然后用称量方法计算待测组分的含量,如沉淀法、挥发法及萃取法等。容量分析法又称为滴定分析法,是指将某已知准确浓度的标准溶液与待测组分进行完全反应,根据反应完成时(计量)所消耗的标准溶液的组分浓度和用量(体积),来计算待测物质的含量。根据化学反应的不同,可把滴定分析法分为酸碱滴定法、沉淀滴定法、络合滴定法和氧化还原滴定法。

采用仪器分析法,就是以成套的物理仪器为手段,对水样中的组分及含量进行测定的方法。基本原理就是以水样中待测组分的物理性质(如光、电、声、热和磁)和物理化学性质,来测定水样中的有关组分和含量。如光化学分析法、电化学分析法、色谱分析法和质谱分析法等。与传统的化学分析法相比较,此方法具有重现性好、灵敏度高、分析速度快及试样用量少等特点。

目前,国内常用的一些水质分析方法见表 6.3[39]。同国外(表 6.4)相比较,两者之间还存在一些差异。由此可见,某个水质指标的测定往往存在多种可供选择的分析方法。显然,选择合适的水质分析方法是获得准确结果的可靠保证。应遵循的原则是:灵敏度能够满足定量分析的要求;方法成熟、可靠;操作简便;抗干扰能力强。

为使分析数据具有可比性,已对各类水体中的各种指标编制了相应的分析方法,并具有以下三个层次:

(1)国家标准分析方法。它是技术标准中的一种,是权威机构对某项分析所制定的统一规定的技术准则和各方面应共同遵循的技术依据。制定国家标准分析方法的目的是保证分析结果的重复性、再现性、准确性和可比性。在使用同一种方法分析同一水样时,不但要求同一实验室不同分析师间的测试结果一致,而且要求不同实验室间的测试结果也一致。到目前为止,我国已编制了 60 多项标准分析方法,可将其作为评价其他分析方法的基准方法。

(2)统一分析方法。在实践中,可能有些项目的分析方法还不够成熟,但这些项目又急需测定,经过一定的论证可将其作为统一分析方法加以推广,在使用中不断完善,为上升为国家标准分析方法创造条件。

(3)等效方法。与前两类分析方法的灵敏度、准确度具有可比性的分析方法称为等效方法。此类方法可能采用新的方法,已经过方法验证和对比试验,证明其与国家标准分析方法及统一分析方法是等效的。

在实际工作中,可根据水化学监测的具体要求,选择合适的、行之有效的分析方法。

表 6.3　国内用于水化学组分测定的常用的分析技术

序号	分析技术	测定组分
1	重量法	SS、可滤残渣、TDS、油类、SO_4^{2-}、Cl^-、Ca^{2+} 等

续表

序号	分析技术	测定组分
2	容量法	酸度、碱度、CO_2、DO、总硬度、Ca^{2+}、Mg^{2+}、NH_4-N、Cl^-、F^-、CN^-、SO_4^{2-}、S^{2-}、Cl^-、COD、BOD_5、挥发酚等
3	分光光度法	Ag、Al、As、Be、Bi、Ba、Cd、Co、Cr、Cu、Hg、Mn、Ni、Pb、Sb、Se、Th、U、Zn、NH_4-N、NO_2-N、NO_3-N、PO_4^{2-}、F^-、Cl^-、S^{2-}、SO_4^{2-}、BO_3^{3-}、SiO_3^{2-}、Cl_2、挥发酚、甲醛、三氯乙醛、苯胺类、硝基苯类、阴离子洗涤剂等
4	荧光分光光度法	Se、Be、U、油类、BaP 等
5	原子吸收法	Ag、Al、Ba、Be、Bi、Ca、Cd、Co、Cr、Cu、Fe、Hg、K、Na、Mg、Mn、Ni、Pb、Sb、Se、Sn、Te、Zn 等
6	氢化物及冷原子吸收	As、Sb、Bi、Ce、Sn、Pb、Se、Te、Hg 等
7	原子荧光法	As、Sb、Bi、Se、Hg 等
8	火焰光度法	Li、Na、K、Sr、Ba 等
9	电极法	Eh、pH、DO、F^-、Cl^-、CN^-、S^{2-}、NO_3^-、K^+、Na^+、NH_4^+ 等
10	离子色谱法	F^-、Cl^-、Br^-、NO_2^-、NO_3^-、SO_3^{2-}、SO_4^{2-}、$H_2PO_4^-$、K^+、Na^+、NH_4^+ 等
11	气相色谱法	苯系物、挥发性卤代烃、氯苯类、六氯环乙烷（六六六）、二氯二苯三氯乙烷（DDT）、有机磷农药类、三氯乙醛、硝基苯类、多氯化联二苯（PCB）等
12	液相色谱法	多环芳烃类
13	ICP-ES	用于水体中基体金属元素以及底质中多种元素的同时测定

表 6.4　美国用于水化学组分测定的常用的分析方法

序号	分析技术	测定组分	标准方法	EPA 标准方法	检出限/(mg/L)
1	ICP-ES ICP-MS AAS	Ca^{2+}、Mg^{2+}、Na^+、K^+	3120 3125 3111	200.7 200.8 215.1~242.1 273.1~258.1	0.25
2	EDTA 滴定法 火焰光度法 分光光度法	Ca^{2+}、Mg^{2+}、Na^+、K^+	3500-Ca， 3500-Na， 3500-K	— —	1.00 0.25
3	离子色谱法	SO_4^{2-}、Cl^-	4110	300	0.5
4	滴定法	HCO_3^-、CO_3^{2-}、OH^-	2320	310.1	1.0
5	电极法	pH	4500-H	150.1	Na
6	电位计法	EC	2510	120.1	$10\mu S/cm$

续表

序号	分析技术	测定组分	标准方法	EPA标准方法	检出限/(mg/L)
7	重量法	TDS	2540-C	160.1	5
8	燃烧法	DOC	5310-B	415.1	1.00
	氧化法		5310-C	—	0.10
9	ICP-ES	Fe、Mn、Al、Si	3120	200.7	0.005(Fe、Mn)
	ICP-MS	Fe、Mn、Al	3125	200.8	
	GFAAS	Fe、Mn、Al	3113	236.1~243.1	0.05(Al、Si)
				202.1	
10	比色法	SiO_2	4500-SiO_2D	—	0.05
11	FIA	$NO_3^- + NO_2^-$	4500-NO_3	352.1	0.01
12	FIA	NH_3	4500-NH_3	350.1	0.02
13	FIA	NO、N(有机)	4500-N(有机)	351.1	0.10
14	FIA	总磷	4500-P	365.2	0.005

6.2.2　分析误差及控制

　　水质分析的目的是准确测定水样中有关组分的含量。为避免错误的结论,分析结果必须具有一定的精度。然而,由于水质分析过程中不可避免地受到一些因素的干扰或影响,使实测值与真值之间总是存在差异,这种差异称为误差。

　　可把试验中出现的误差进一步分为随机误差和系统误差两类。随机误差可影响分析结果的精密度,指在水质分析中单个分析的数据总是在平均值两边跳动;系统误差可影响到分析结果的准确性,指在水质分析中分析数据总是分布在准确值的某一侧。

　　随机误差又称偶然误差或不可测误差,是由测定过程中各种随机因素的共同作用造成的。它以不可测定的方式变化,但服从正态分布;此外还具有对称性、单峰性、有界性和补偿性等特点。此类误差是由能够影响测定结果的许多不可控制或未加控制的因素微小波动引起的。例如,测定过程中环境温度的变化,电源电压的微小波动,仪器噪声的变动,分析人员操作技术的微小差异以及前后不一致性等。作为减小此类误差的方法,就是必须严格控制试验条件,严格地执行操作规程。此外,如可能应适当地增加测定次数。

　　系统误差又称恒定误差或可测误差。试验条件一经确定,此类误差就可获得一个客观上的定值,多次测定的平均值也不能减弱其影响。产生此类误差的原因可归为多个方面。例如,方法误差、仪器误差、试剂误差、操作误差、环境误差等,分别由分析方法不够完善、仪器未经校准、所用试剂中含有杂质、分析人员的操作不当、测定时环境因素的显著改变(如室温的变化)等所致。可采用如下方法,减小此类误差。

（1）仪器校准。在测定前，预先对仪器进行校准，并对测量结果进行修正。

（2）空白试验。旨在用空白试验结果对测定结果进行修正，以消除试验中产生的误差。

（3）标准物质对比分析。具体有两种方法：一是将实际样品与标准物质在完全相同的条件下进行测定，当标准物质的测定值与保证值一致时，即可认为测量的系统误差已基本消除；二是将同一样品采用具有不同反应原理的分析方法进行分析，如与经典的化学分析方法进行比较，以校正方法误差。

（4）回收率试验。即在实际样品中加入已知量的标准物质和样品于相同条件下进行测量，用所得结果计算回收率，考察是否能定量回收，必要时可用回收率作为校正因子。

除上述两种误差外，操作中的失误也可能导致测定结果的不准确。例如，仪器的损坏、样品的损失与沾污而造成的测定错误，严重地影响测定结果。对此，无论结果如何，都必须舍弃。

在实际工作中，可从以下方面来评价水化学分析数据的质量。

1）准确性

准确性指测定值与真值之间的符合程度，亦说明水化学分析数据的可靠性，可用误差值来表示：

$$E = X_i - X_t \tag{6.1}$$

式中：E 为分析的误差值；X_i 为测定值；X_t 为真值。

所谓真值，指在某一时刻、某一位置或状态下，某组分含量的效应体现出的客观值或实际值。通常在试验中，真值是未知的，这时可用对标准试验材料（样品）的测定来估计准确性。在痕量分析中，标准试验材料可能是未知的。在此情形下，可采用不同实验室之间的对比试验或互校，来作为对分析结果准确性的一种量度，即可比性。

2）精密度

精密度用于评估测定数据的可重复性，可通过对某一测定值与一系列测定数据的平均值之差来量度，也称为偏差：

$$d_i = X_i - \bar{X} \tag{6.2}$$

式中：d_i 为某一个别数据的偏差；X_i 为某一次分析中的测定值；$\bar{X}$ 为用同样的分析条件获得的一系列数据的平均值。

显然，测试结果的随机误差越小，测试的精密度越高。

3）检出限

检出限是指在适当的置信度（如 95%）下，被检出物质（如化学元素）的最小

值,即

$$A = \overline{A_b} + kS_b \tag{6.3}$$

式中:A 为检出限;$\overline{A_b}$ 为空白样品或仪器噪声信号测定的平均值;S_b 为空白样品或噪声测定的标准偏差;k 为待定系数,一般在 $2\sim3$。

4) 灵敏度

灵敏度表示当被测定物质的浓度或含量改变一个单位时,仪器输出信号的变化量,通常定义为校正(工作)曲线的斜率。在一定的试验条件下,灵敏度具有相对的稳定性。即在数值上,有

$$k = \frac{A - a}{c} \tag{6.4}$$

式中:k 为方法灵敏度,校正曲线的斜率;A 为仪器响应值;a 为校正曲线的截距;c 为待测物质的浓度。

作为小结,在实际工作中,可采用减少系统误差、适当的增加测定次数、减少测量误差、选择合适的分析方法等措施来保证水化学分析数据的质量;并可以从代表性、准确性、精密性、可比性、完整性等方面来评价水化学分析数据的质量。

6.3　水质监测数据的可靠性检查

通过取样并经过室内化验,可得到一系列水质分析结果。为保证渗流水化学资料分析的有效性,对水质化验结果的可靠性检查是必要的,常用的检查方法有如下数种。

6.3.1　阴、阳离子平衡检查

自然界中所有的水溶液都应该是电中性的。换言之,一定量的水体中所有阳离子的电荷数与所有阴离子的电荷数应相等。考察已经过化验的某水样,溶液中含有 j 个阳离子和 k 个阴离子,相应的电中性表达式可写成

$$\sum_{i=1}^{j} c(e_i^+) = \sum_{i=1}^{k} c(e_i^-) \tag{6.5}$$

式中:$c(e_i^+)$、$c(e_i^-)$ 分别代表第 i 种阳离子和第 i 种阴离子的浓度,以 meq/L 表示。这样,可进行上述水样中阴、阳离子间的平衡检查,其误差表达式为

$$E = \frac{\left| \sum_{i=1}^{j} c(e_i^+) - \sum_{i=1}^{k} c(e_i^-) \right|}{\sum_{i=1}^{j} c(e_i^+) + \sum_{i=1}^{k} c(e_i^-)} \times 100\% \tag{6.6}$$

式中:E 为相对误差,以百分比表示;余同式(6.5)。

一般而言,如果 Na^+ 和 K^+ 为实测值,应保证 $E<5\%$,此为误差的允许范围,因而认为该化验结果是可靠的;若有 $E\geqslant5\%$,则标志着存在明显的分析误差或某个或多个重要的组分(离子)未进行化验,因而认为该化验结果不可靠。当然,如果 $Na^+ + K^+$ 为计算值,则 E 值应为零或接近零。

作为实例,表 6.5 为某水样中宏量组分的化验结果,其中的 Na^+ 和 K^+ 均为实测值。由式(6.6),可计算相对误差:

$$E=\frac{|6.01-5.91|}{6.01+5.91}\times100\%=\frac{0.1}{11.92}\times100\%=0.84\%<5\%$$

由此得出,该水样的化验结果是可靠的,因而是可信的。

表 6.5　某水样化验结果的电中性检查

组分	分析浓度		每摩尔质量/g	电荷数	meq/L
	mg/L	mol/L			
Ca^{2+}	69.0	1.72×10^{-3}	40.08	2	3.44
Mg^{2+}	29.0	1.19×10^{-3}	24.31	2	2.39
Na^+	3.5	0.15×10^{-3}	22.99	1	0.15
K^+	1.1	0.03×10^{-3}	39.10	1	0.03
合计					6.01
HCO_3^-	297.0	4.87×10^{-3}	61.02	-1	4.87
SO_4^{2-}	37.0	0.38×10^{-3}	96.06	-2	0.77
Cl^-	9.4	0.27×10^{-3}	35.35	-1	0.27
合计					5.91

6.3.2　部分水质指标检查

1. TDS 值检查

如果 TDS 值为计算值,在所有组分(离子、分子及化合物)的累计中应检查是否仅加上 1/2 的 HCO_3^- 含量。这是因为在加热过程中,仅有约 1/2[严格而言,应是 $60.01/(61.017\times2)=0.492$]的 HCO_3^- 转变为 CO_2 气体而逸出。有关反应式为

$$2HCO_3^- \longrightarrow CO_3^{2-} + CO_2\uparrow + H_2O \tag{6.7}$$

另外,如果 TDS 为实测值,也有必要根据化验结果按照上述方法求得 TDS 的计算值,以便于对该物理量实测值进行检查。两者之间的误差应符合:当 $TDS<0.1g/L$,相对误差 $E<10\%$;当 $TDS=0.1\sim1g/L$ 时,$E<7\%$;而当 $TDS>1g/L$ 时,$E<5\%$。

2. $Na^+ + K^+$ 的检查

在一般的水质简分析中,Na^+ 和 K^+ 这两种离子的浓度可以由计算而得,即

$$c_{Na^+} + K^+ = \sum_{i=1}^{k} c_{e_i^-} - c_{Ca^{2+} + Mg^{2+}} \tag{6.8}$$

式中:$c_{Na^+ + K^+}$ 和 $c_{Ca^{2+} + Mg^{2+}}$ 这四种离子的浓度均以 meq/L 表示;余同式(6.5)。需要指出的是,在一般的地下水中,K^+ 的浓度约为($Na^+ + K^+$)的1/10,这样在单位换算(即由 meq/L→mg/L 中),应乘以一个介于 Na 与 K 的原子量之间的一个等效原子量,即 0.9×23(Na 的原子量)$+ 0.1 \times 39$(K 的原子量)$= 24.6$。而一些水化学资料中,在进行上述单位的换算过程中直接乘以 23,显然是不够严格的。

3. pH 的检查

该水质指标可以采用实测法(如比色法和电极法等)进行直接测量,也可以采用间接方法加以确定,即利用与其他组分间的如下关系:

$$pH = 6.37 - \lg c_{CO_2} + \lg c_{HCO_3^-} \tag{6.9}$$

式中:c_{CO_2} 和 $c_{HCO_3^-}$ 分别为待测水溶液中的游离 CO_2 的浓度和 HCO_3^- 的浓度,mg/L。这样,当已知 c_{CO_2} 和 $c_{HCO_3^-}$ 时,可利用式(6.9)计算 pH,并与实测的 pH 进行比较。两者之间的误差一般在 ±0.1pH 单位之间,而不应超过 ±0.2pH 单位。

6.3.3　碳酸平衡关系检查

由碳酸平衡的基本理论可知,当水的 pH<8.3 时,分析结果中不应出现 CO_3^{2-};当 pH>8.3 时,分析结果中不应出现溶解状 CO_2。这是因为在这样的 pH 条件下,现有的测量 CO_3^{2-} 和 CO_2 这两种碳酸组分的常规方法还不能检出其微量含量;而当 pH>10.3 时,分析结果中应有 CO_3^{2-}>HCO_3^-,如图 6.1 所示。如果水质化验结果不符合上述分布特征,说明对于 pH 与 CO_3^{2-} 或 HCO_3^- 或 CO_2 的测量存在误差。有关各种形式的碳酸分配百分比见表 6.6。

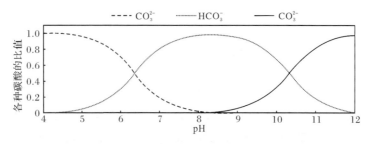

图 6.1　水溶液中碳酸的存在形式随 pH 变化的分布曲线

表 6.6　不同 pH 时各种形式碳酸的分配百分比(摩尔分数)　(单位:%)

形态	pH											
	2	3	4	5	6.3	7	8	9	10.3	11	12	13
A	99.99	99.95	99.53	95.50	17.55	2.08	0.21	0.02	0	0	0	0
B	0.01	0.05	0.47	4.50	50.00	82.41	97.42	95.03	50.00	16.63	1.86	0.20
C	0	0	0	0	0	0.04	0.50	4.76	50.00	83.37	98.04	99.08

注:表中 A 表示 $CO_2 + H_2CO_3$;B 表示 HCO_3^-;C 表示 CO_3^{2-}。

参 考 文 献

[1] 沈照理. 水文地球化学基础[M]. 北京:地质出版社,1993.

[2] 张经. 近海生物地球化学的基本原理[M]. 北京:高等教育出版社,2009.

[3] Craig H. Standard for reporting concentrations of deuterium and oxygen-18 in natural water[J]. Science,1961,133(3467):1833~1834.

[4] Clark I D,Fritz P. 水文地质学中的环境同位素[M]. 张慧,等译. 郑州:黄河水利出版社, 2006.

[5] Fitts C R. Groundwater Science[M]. London:Academic Press,Elsevier,2002.

[6] 王大纯,张人权,史毅虹,等. 水文地质学基础[M]. 北京:地质出版社,1995.

[7] 韩吟文,马振东. 地球化学[M]. 北京:地质出版社,2003.

[8] Freeze R A,Cherry J A. Groundwater[M]. Upper Saddle River:Prentice Hall,1979.

[9] 斯塔姆 W,摩尔根 J J. 水化学——天然水体化学平衡导论[M]. 汤鸿霄,等译. 北京:科学出版社,1987.

[10] 宋汉周,查明鹏. 陈村水电站坝基丙凝加强帷幕的防渗时效分析[J]. 工程地质学报,1995, 3(2):78~85.

[11] 宋汉周,周剑,王凤波. 大坝地下水质的演变及其示踪意义[J]. 水力发电学报,2004, 23(3):74~78.

[12] Drever J I. The Geochemistry of Natural Waters[M]. 2nd ed. Upper Saddle River:Prentice Hall,1988.

[13] 马晓辉,彭汉兴,杨光中. 大坝坝址环境水中微生物腐蚀作用[J]. 水力发电学报,2006, 25(5):58~61.

[14] Gülbahar N. Estimation of environmental impacts on the water quality of the Tahtah dam watershed in Izmir,Turkey[J]. Environmental Geology,2005,47(5):725~728.

[15] Stiff H A. The interpretation of chemical water analysis by means of patterns[J]. Journal of Petroleum Technology,1951,3(10):15~17.

[16] David J T. Sliding stiff diagrams:A sophisticated groundwater analytical tool[J]. Groundwater Monitoring & Remediation,1995,15(2):134~139.

[17] Chadha D K. A proposed new diagram for geochemical classification of natural waters and interpretation of chemical data[J]. Hydrogeology Journal,1999,7(5):431~439.

[18] 孙亚乔,钱会,张黎,等. 基于矩形图的天然水化学分类和水化学规律研究[J]. 地球科学与环境学报,2007,29(1):75~79.

[19] Robert H M,Jim C L,Jiane H. Statistical characteristics of ground-water quality variables[J]. Ground Water,1987,25(2):176~184.

[20] Jiane H,Jim C L,Robert H M. Statistical methods for characterizing ground-water quality[J]. Ground Water,1987,25(2):185~193.

[21] 赵鹏大. 定量地学方法及应用[M]. 北京:高等教育出版社,2004.

[22] 王学仁. 地质数据的多变量统计分析[M]. 北京:科学出版社,1982.

[23] 余金生. 地质因子分析[M]. 北京:地质出版社,1985.

[24] Kehew A E. Applied Chemical Hydrogeology[M]. Upper Saddle River:Prentice Hall, 2001.

[25] 钱会,马致远. 水文地球化学[M]. 北京:地质出版社,2005.

[26] 童海涛,宋汉周. 水-岩作用状态随机模拟的可信度分析[J]. 岩石力学与工程学报,2004, 23(12):2010~2014.

[27] 宋汉周. 大坝环境水文地质研究[M]. 北京:中国水利水电出版社,2007.

[28] 马保国,高小建,何忠茂,等. 混凝土在 SO_4^{2-} 和 CO_3^{2-} 共同存在下的腐蚀破坏[J]. 硅酸盐学报,2004,32(10):1219~1224.

[29] 李远惠,陈家珍. 狮子滩水电站坝基排水孔黄色絮状溢出物成因分析[J]. 四川水力发电, 1991,(4):46~54.

[30] 彭汉兴,李淑杰,马晓辉. 皖浙山区大坝坝址环境水特征与作用[J]. 水科学进展,1995, 6(2):150~155.

[31] 骆永发. 安砂水电站坝基地下水析出物的分析[J]. 大坝与安全,1995,(1):36~40.

[32] 宋汉周,施希京. 大坝坝址析出物及其对岩体渗透稳定性的影响[J]. 岩土工程学报,1997, 19(5):14~19.

[33] 宋汉周,童海涛. 我国南方 8 座水电站坝址析出物特性的综合分析[J]. 大坝与安全, 2002,(2):8~11.

[34] 莫斯克文 B M,伊万诺夫 Φ M,阿列克谢耶夫 C H,等. 混凝土和钢筋混凝土的腐蚀及其防护方法[M]. 倪继森,等译,北京:化学工业出版社,1988.

[35] 宋汉周. 大坝坝址地下水析出物检测方法[J]. 水电能源科学,2004,22(4):43~46.

[36] 高大钊. 岩土工程标准规范实施手册[M]. 北京:中国建筑工业出版社,1997.

[37] 管清晨,宋汉周,霍吉祥,等. 基于化学热力学的大坝廊道渗水析出物量化分析[J]. 水文地质工程地质,2015,42(1):42~46.

[38] 阳正熙,吴堑虹,彭直兴,等. 地学数据分析教程[M]. 北京:科学出版社,2008.

[39] 国家能源局大坝安全监察中心. 混凝土坝安全监测技术规范 DL/T 5178—2016[S]. 北京:中国电力出版社,2016.

附　　录

国际原子量表

原子序数	元素	符号	拉丁文名	原子量
1	氢	H	Hydrogenium	1.00794(7)
2	氦	He	Helium	4.002602(2)
3	锂	Li	Lithium	6.941(2)
4	铍	Be	Beryllium	9.01218
5	硼	B	Borium	10.811(5)
6	碳	C	Carbonium	12.011
7	氮	N	Nitrogenium	14.0067
8	氧	O	Oxygenium	15.9994(3)
9	氟	F	Fluorum	18.998403
10	氖	Ne	Neonum	20.179
11	钠	Na	Natrium	22.98977
12	镁	Mg	Magnesium	24.305
13	铝	Al	Aluminium	26.98154
14	硅	Si	Silicium	28.0855(3)
15	磷	P	Phosphorum	30.97376
16	硫	S	Sulphur	32.066(6)
17	氯	Cl	Chlorum	35.453
18	氩	Ar	Argonium	39.948
19	钾	K	Kalium	39.0983
20	钙	Ca	Calcium	40.078(4)
21	钪	Sc	Scandium	44.95591
22	钛	Ti	Titanium	47.88(3)
23	钒	V	Vanadium	50.9415
24	铬	Cr	Chromium	51.9961(6)
25	锰	Mn	Manganum	54.9380
26	铁	Fe	Ferrum	55.847(3)
27	钴	Co	Cobaltum	58.933266

原子序数	元素	符号	拉丁文名	原子量
28	镍	Ni	Niccolum	58.6934(2)
29	铜	Cu	Cuprum	63.546(3)
30	锌	Zn	Zincum	65.39(2)
31	镓	Ga	Gallium	69.723(1)
32	锗	Ge	Germanium	72.61(2)
33	砷	As	Arsenium	74.92160(2)
34	硒	Se	Selenium	78.96(3)
35	溴	Br	Bromium	79.904(1)
36	氪	Kr	Kryptonum	83.80
37	铷	Rb	Rubidium	85.4678(3)
38	锶	Sr	Strontium	87.62
39	钇	Y	Yttrium	88.9059
40	锆	Zr	Zirconium	91.224(2)
41	铌	Nb	Niobium	92.9064
42	钼	Mo	Molybdanium	95.94
43	锝	Tc	Technetium	(97)
44	钌	Ru	Ruthenium	101.07(2)
45	铑	Rh	Rhodium	102.9055
46	钯	Pd	Palladium	106.42
47	银	Ag	Argentum	107.8682(3)
48	镉	Cd	Cadmium	112.41
49	铟	In	Indium	114.82
50	锡	Sn	Stannum	118.710(7)
51	锑	Sb	Stibium	121.75(3)
52	碲	Te	Tellurium	127.60(3)
53	碘	I	Iodium	126.9045
54	氙	Xe	Xenonum	131.29(3)
55	铯	Cs	Caesium	132.9054
56	钡	Ba	Baryum	137.33
57	镧	La	Lanthanum	138.9055(3)
58	铈	Ce	Cerium	140.12
59	镨	Pr	Praseodymium	140.9077

续表

原子序数	元素	符号	拉丁文名	原子量
60	钕	Nd	Neodymium	144.24(3)
61	钷	Pm	Promethium	(145)
62	钐	Sm	Samarium	150.36(3)
63	铕	Eu	Europium	151.96
64	钆	Gd	Gadolinium	157.25(3)
65	铽	Tb	Terbium	158.9254
66	镝	Dy	Dysprosium	162.50(3)
67	钬	Ho	Holmium	164.9304
68	铒	Er	Erbium	167.26(3)
69	铥	Tm	Thulium	168.9342
70	镱	Yb	Ytterbium	173.04(3)
71	镥	Lu	Lutecium	174.967
72	铪	Hf	Hafnium	178.49(3)
73	钽	Ta	Tantalum	180.9479
74	钨	W	Wolfram	183.85(3)
75	铼	Re	Rhenium	186.207(1)
76	锇	Os	Osmium	190.2
77	铱	Ir	Iridium	192.22(3)
78	铂	Pt	Platinum	195.08(3)
79	金	Au	Aurum	196.9665
80	汞	Hg	Hydrargyrum	200.59(3)
81	铊	Tl	Thallium	204.383
82	铅	Pb	Plumbum	207.2
83	铋	Bi	Bismuthum	208.9804
84	钋	Po	Polonium	(209)
85	砹	At	Astatium	(210)
86	氡	Rn	Radon	(222)
87	钫	Fr	Francium	(223)
88	镭	Ra	Radium	226.0254
89	锕	Ac	Actinium	227.0287
90	钍	Th	Thorium	232.0381
91	镤	Pa	Protactinium	231.0359

原子序数	元素	符号	拉丁文名	原子量
92	铀	U	Uranium	238.0289
93	镎	Np	Neptunium	237.0482
94	钚	Pu	Plutonium	(244)
95	镅	Am	Americium	(243)
96	锔	Cm	Curium	(247)
97	锫	Bk	Berkelium	(247)
98	锎	Cf	Californium	(251)
99	锿	Es	Einsteinium	(252)
100	镄	Fm	Fermium	(257)
101	钔	Md	Mendelevium	(258)
102	锘	No	Nobelium	(259)
103	铹	Lr	Lawrencium	(260)

注:原子量引自 1983 年国际原子量表,以^{12}C＝12 为基准。原子量末位数的准确度加在其后括号内,未加注者至±1;括弧内数据为放射性元素稳定(半衰期最长)时同位素的质量数。